入学讲堂书系·人生大学知识讲堂

拾月 主编

生金律

主　编：拾　月
副主编：王洪锋　卢丽艳
编　委：张　帅　车　坤　丁　辉
　　　　李　丹　贾宇墨

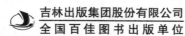

吉林出版集团股份有限公司
全国百佳图书出版单位

图书在版编目（CIP）数据

人生金律 / 拾月主编. -- 长春：吉林出版集团股份有限公司，2016.2（2022.4重印）

（人生大学讲堂书系）

ISBN 978-7-5581-0753-5

Ⅰ．①人… Ⅱ．①拾… Ⅲ．①人生哲学－青少年读物 Ⅳ．①B821-49

中国版本图书馆CIP数据核字（2016）第041306号

RENSHENG JINLV

人生金律

主　　编	拾　月
副主编	王洪锋　卢丽艳
责任编辑	杨亚仙
装帧设计	刘美丽

出　　版	吉林出版集团股份有限公司
发　　行	吉林出版集团社科图书有限公司
地　　址	吉林省长春市南关区福祉大路5788号　邮编：130118
印　　刷	鸿鹄（唐山）印务有限公司
电　　话	0431-81629712（总编办）　0431-81629729（营销中心）
抖音号	吉林出版集团社科图书有限公司　37009026326

开　　本	710 mm×1000 mm　1 / 16
印　　张	12
字　　数	200 千字
版　　次	2016 年 3 月第 1 版
印　　次	2022 年 4 月第 2 次印刷

书　　号	ISBN 978-7-5581-0753-5
定　　价	36.00 元

如有印装质量问题，请与市场营销中心联系调换。0431-81629729

"人生大学讲堂书系" 总前言

昙花一现，把耀眼的美只定格在了一瞬间，无数的努力、无数的付出只为这一个宁静的夜晚；蚕蛹在无数个黑夜中默默地等待，只为了有朝一日破茧成蝶，完成生命的飞跃。人生也一样，短暂却也耀眼。

每一个生命的诞生，都如摊开一张崭新的图画。岁月的年轮在四季的脚步中增长，生命在一呼一吸间得到升华。随着时间的推移，我们渐渐成长，对人生有了更深刻的认识：人的一生原来一直都在不停地学习。学习说话、学习走路、学习知识、学习为人处世……"活到老，学到老"远不是说说那么简单。

有梦就去追，永远不会觉得累。——假若你是一棵小草，即使没有花儿的艳丽，大树的强壮，但是你却可以为大地穿上美丽的外衣。假若你是一条无名的小溪，即使没有大海的浩瀚，大江的奔腾，但是你可以汇成浩浩荡荡的江河。人生也是如此，即使你是一个不出众的人，但只要你不断学习，坚持不懈，就一定会有流光溢彩之日。邓小平曾经说过"我没有上过大学，但我一向认为，从我出生那天起，就在上着人生这所大学。它没有毕业的一天，直到去见上帝。"

人生在世，需要目标、追求与奋斗；需要尝尽苦辣酸甜；需要在失败后汲取经验。俗话说，"不经历风雨，怎能见彩虹"，人生注定要九转曲折，没有谁的一生是一帆风顺的。生命中每一个挫折的降临，都是命运驱使你重新开始的机会，让你有朝一日苦尽甘来。每个人都曾遭受过打击与嘲讽，但人生都会有收获时节，你最终还是会奏响生命的乐章，唱出自己最美妙的歌！

正所谓，"失败是成功之母"。在漫长的成长路途中，我们都会经历无数次磨炼。但是，我们不能气馁，不能向失败认输。那样的话，就等于抛弃了自己。我们应该一往无前，怀着必胜的信念，迎接成功那一刻的辉煌……

感悟人生，我们应该懂得面对，这样人生才不会失去勇气……

感悟人生，我们应该知道乐观，这样生活才不会失去希望……

感悟人生，我们应该学会智慧，这样在社会上才不会迷失……

本套"人生大学讲堂书系"分别从"人生大学活法讲堂""人生大学名人讲堂""人生大学榜样讲堂""人生大学知识讲堂"四个方面，以人生的真知灼见去诠释人生大学这个主题的寓意和内涵，让每个人都能够读完"人生的大学"，成为一名"人生大学"的优等生，使每个人都能够创造出生命中的辉煌，让人生之花耀眼绚丽地绽放！

作为新时代的青年人，终究要登上人生大学的顶峰，打造自己的一片蓝天，像雄鹰一样展翅翱翔！

"人生大学知识讲堂"丛书前言

  易中天曾经说过："经典是人类文化的精华，先秦诸子，是中国文化遗产中经典中的经典，精华中的精华。这是影响中华民族几千年的文化经典。没有它，我们的文化会黯然失色；这又是我们中华民族思想的基石，没有它，我们的思想会索然无味。几千年来，先秦诸子以其恒久的生命力存活于人间，影响和激励了一代又一代人。"

  人创造了文化，文化也在塑造着人。

  社会发展和人的发展过程是相互结合、相互促进的。随着人全面的发展，社会物质文化财富就会被创造得越多，人民的生活就越能得到改善。反过来，物质文化条件越充分，就又越能推进人的全面发展。社会生产力和经济文化的发展是逐步提高、永无休止的历史过程，人的全面发展也是逐步提高、永无休止的过程。

  青少年成长的过程本质上是培养完善人格、健全心智的过程。人的生命在教育中不断成长，人通过接受教育而成为人。夸美纽斯说："有人说，学校是人性的工场。这是明智的说法。因为毫无疑问，通过学校的作用，人真正地成为人。"不可否认，世界性的经典文化是千百年来流传下来的文化遗产与精神财富，塑造了人们的文化精神及思想品格，教育中社会性的人际生命与超越性的精神生命都是文化传统赋予的。经典的文化知识是塑造人生命的基本力量，利用传统文化经典对大学生进行生命教育不仅必要而且可能。

经典知识尤其是思想类经典，具有博大的生命意蕴，可以丰富人的精神生命。儒家经典主要有"四书五经"，讲求正心、诚意、格物、致知、修身、齐家、治国、平天下，从成己而成人，着重建构人的社会性生命。道家经典以《道德经》《庄子》为代表，以得道成仙、自然无为为旨归，侧重人的精神生命。佛教禅宗经典以《坛经》为代表，以明心见性、顿悟成佛为核要，直指人的灵性存在，侧重生命的超越性。

传统文化经典蕴含丰富的生命智慧，有利于提升人格，涵养心灵。中国传统文化蕴含丰富的人生智慧，例如道家的重生养生、少私寡欲；儒家的自强不息、厚德载物；佛家的智悲双运、自利利他等思想，对于引导青少年确立生命的价值与信念，保持良好心境，处理人际关系，提升青少年的修养，不无裨益。

为了更好地帮助青少年在人生成长过程中得到经典知识文化的滋养，使世界先进的文化知识在青少年群体中形成良好传播，我们特别编撰了"人生大学知识讲堂"系列丛书，此套丛书包含了"文化与人生""哲学与人生""智慧与人生""美学与人生""伦理与人生""国学与人生""心理与人生""科学与人生""人生箴言""人生金律"10个方面，丛书以独到的视角，将世界文化知识的精髓融入趣味故事中，以期为青少年的身心灌注时代成长的最强能量。人们需要知识，如同人类生存中需要新鲜的空气和清澈的甘泉。我们相信知识的力量与美丽。相信在读完此书后，你会有所收获。

第1章 揭开人生的面纱——本质金律

第4章　万变不离其宗——打破常规金律

第1章

揭开人生的面纱——本质金律

本质是客观事物的根本基础特性，它隐藏于灵活多变的事物表面现象之中。唯有掌握一定的规律法则，由表及里、去伪存真，才能认清事物的真相，看透事物的本质，从而达到别人不能到达的境界。

第一节　阳光金律：遵循事物规律，引导胜于强迫

如果把一株植物放在暗室里，只有窗户能透射进来一点阳光，那么这株植物一准朝向阳光生长。我们把它称作自然界的"阳光金律"。

《伊索寓言》中记载了一则关于自然现象引喻出来的小故事：北风和太阳在争论谁的本领更大。吵得正不可开交的时候，路上走过来一个人。它俩说，看谁能够把那个人身上的衣服脱掉，谁就算赢。北风铆足了劲吼了一阵，差点把那个人的大衣吹掉。可是风越刮越厉害，那个人却将大衣越裹越紧了。北风使出了浑身解数，也没有办法叫那人把大衣脱掉。这时候，轮到太阳上场大显身手了，它赶走了天上的乌云，用浑身的力气照在那个人身上。那个人被太阳一晒，觉得全身暖烘烘的，很快就脱掉了大衣。太阳光越来越烈，那个人觉得越来越热，于是就把身上的衣服一件一件地脱下来。北风见状只好认输。"北风与太阳"的这则寓言，用两种截然相反的方式向我们说明了人际交往中要求与需求之间的关系。人们把这种规律称之为"阳光金律"。

要在生活中散发阳光

大到治理国家，小到家庭和谐，无处不体现着阳光金律的影响。下面我们一起来感受阳光金律在生活中的体现。

　　这是在公交车上出现的一幅情景：车上并不拥挤，一位看上去有六十岁左右的老婆婆站在了一个座位旁边，座位上坐着一个

十几岁的女学生，老婆婆的身旁站着一位穿着时尚的妙龄少女。几站之后，女学生准备下车了，就在她刚一起身的瞬间，那个时尚少女以迅雷不及掩耳之势将手中的皮包越过老婆婆的肩膀放到了空出的座位上。老婆婆边为她让开身，边和蔼地说："别着急，让我挪一下"。抢到座位的女孩嘟囔着："谁着急了？"她坐下之后，发现老婆婆总是看她，她便有些不耐烦，于是便说："你总看我干什么？""我在欣赏你的美丽。"老婆婆接着祥和地说，"你很漂亮。"时尚少女俊俏的脸上泛起了红晕，但是表情中却流露出一种不耐烦。老婆婆继续平静地说："我下一站就到了，这个座位原本就是你的。"时尚少女的脸庞上红晕面积愈加大了起来，但嘴上依然不耐烦地说："下就下呗。"老婆婆的脸上泛起了一丝笑意，依然平静而温和："姑娘，知道吗？有的时候一个座位很容易得到，但是做一个人却不那么容易。"说完之过，老婆婆下车了。可以看得出时尚少女的面容上写满了羞涩。

生活中常有人因为一些琐事而发生争吵，双方为了各自的利益会用争辩、怒骂甚至恐吓去解决矛盾，但结果却是会使冲突升级，导致结怨。但车上的这位老婆婆没有指责，没有抱怨，温和而平静地让时尚女从中获得了一种教益。这就是阳光金律的表现。毋庸置疑，老婆婆的话语和态度会在年轻少女的心中留下难以磨灭的印象，并会影响到她以后的处事方式。试想，如果老妇人为了这个座位与她发生争吵又会是一个怎样的结果呢？至少有一点可以断定，少女很难认识到自己的错误。

在生活中传递阳光

无论是亲情、友情还是爱情，所有这些关系都会给人一种温暖的感觉，但也正是在这样的温馨的境遇中往往更容易造成冲突。我们可能都有过这样的经历，出门在外，身在他乡，我们会对周围的人报以微笑，我们在他人眼中很温文尔雅，彬彬有礼。但回到家中，我们放下了大度，将谦和抛到了九霄云外，责怪、抱怨、火气不时地抛向了自己最亲密的家人，因为在我们的心中总是很自然地认为家人可以容忍你，接纳你的烦躁。也正是因为亲人之间这层特殊的血缘关系，所以我们会向他们提出无比苛刻的要求和毫无限度的期望。例如：要求爱人漂亮贤惠，希望爱子聪明伶俐，一旦出现不如愿就会出现抱怨和指责："某某已经做到正局级了，瞧瞧你有多窝囊！""某某老婆做得一手好菜，看看你一点都不贤惠！""某某孩子已经英语六级了，你怎么那么不争气！"一旦没达到自己的期望，家庭之间的冲突矛盾也就会成为家常便饭。有的人会说，我这样做也是为了这个家过得更好，希望他们能够更有出息。但是，我们却忽略掉了人人需要阳光这个真理，尤其是在亲情当中，阳光越温暖，成长和进步才会越大。

在生活中，你需要"阳光"而躲避"北风"，你身边的人同样也会欢迎"阳光"而讨厌"北风"。万物负阴而抱阳，温暖胜于严寒，我们一定要谨记，做事要遵循事物的规律，要善于诱导而不是去强制压迫，只有做到了这点，才能从根本上激发主体的积极性，并从根本上解决问题。

第二节　森林金律：物竞天择，适者生存

认清生活中的竞争

森林金律，是指在丛林中，生物之间会弱肉强食，优胜劣汰，而且，生物之间的竞争永不停息，森林中的强弱位置也会随之发生改变。这个金律也适用于人类社会，大到国家间、政权间的竞争，小到企业间、人与人之间的竞争，都要遵循森林金律。当然这种适用并非是机械的、刻

板的、庸俗的。

森林中有一棵大树，它的顶端极力向上生长，以寻求最多的阳光雨露；它粗大的枝干尽可能地占领着空间，以呼吸最新鲜的空气；它的根系极尽繁茂，以汲取大地最多的肥料。然而，在大树旁边，几棵瘦弱的小树枝干细脆，叶片枯黄。小树愤怒地对大树说："你够强大了，为什么还要限制我的生长？"大树漠然地看了它一眼，冷漠地说："对于我来说，你的生长永远是个威胁，弱肉强食，这就是森林金律。"

努力让自己变成一个强者

自然界中存在森林金律是必然的。因为，整个地球的资源是有限的，为了生存和繁衍，自然就会出现有我没你、有你没我的竞争，实力不够的生物，就只好被淘汰。俗话说的"大鱼吃小鱼，小鱼吃虾米，虾米吃淤泥"，就是对这一现象最遥俗的描述。

自然界中存在森林金律是必然的，我们人类自然不能简单比照这个金律，而应该对这个金律有更深层次的理解。以下这个寓言所表达的寓意，就能为此做出很好的阐述。

一粒草籽在春风的吹拂下落在大树下，一滴又一滴露水从大树的枝干滴下，没几天，这粒种子就从泥土的缝隙中伸出小芽。草儿抬起头："大树先生，谢谢您的帮助！"大树哈哈大笑起来："别客气，森林的金律说我们应该互相帮助。你只管放心地长吧，不管发生什么事，我会帮助你的。"小草感动了，它一次次地长高，一次次地倒下，终于长成一片嫩绿如茵的草坪。见此情景，一直没有作声的小树不解地问："你疯了吗？为什么那么卖力地生长？"小草回答说："我不能辜负热心的大树先生对我的帮助。"小树摇头冷笑："它热心？你看它把我挤成这样，我都要无立足之地了。它帮你是因为你的存在不仅不会对它构成威胁，还会养护它脚下的土地，使土壤变得肥沃。"

　　森林中，不仅仅只有残酷的弱肉强食，还有互惠互利的合作。互利互惠的目的是为了获得更多、更好的资源，是为了达到一种共赢的局面。过了几天，狂风大作，电闪雷鸣，一场暴雨从天而降，大树的树干被折断了，庞大的身躯凌乱地躺在地上，而它旁边的小树却安然无恙地站在那儿。大树奇怪地问小树："这么大的风你怎么会没事？我都不能幸免于难，弱小的你怎么逃过这一劫的？"小树说："正是你的高大招致了你的毁灭，难道你忘了'树大招风''木秀于林风必摧之'的古训了吗？"

　　这就是森林金律，森林中的强弱位置不可能永远不变，你只有抓住一切机会，磨炼意志，锻炼身体，才能在竞争中获胜。森林金律告诉我们，物竞天择，适者生存，不能适应环境，就只能被环境淘汰。强弱是可以逆转的，所以要时刻有危机意识。

第三节　羊群金律：要有自己的主见

生活中的从众现象

　　羊群金律是指基于其他人的行为来推断某事物的好坏，来决定我们是否仿效。社会心理学家的研究发现，产生这种从众心理最重要的因素是有很多人坚持某一条意见，而非这个意见本身。人数多无疑表达了一种说服力，但是能在众口一词的情况下仍然坚持自己不同意见的人是非常难得的，而且人数很少。

　　在动物世界里，羊群（集体）是一种很散乱的组织，平时在一起也

人生金律

是盲目地左冲右撞。如果一头羊发现了一片肥沃的绿草地，并在那里吃到了新鲜的青草，后来的羊群就会一哄而上，争抢那里的青草，全然不顾旁边虎视眈眈的狼，或者看不到其他地方还有更好的青草。

也许动物世界的故事看起来多少有些可笑，但是人类何尝又不是如此。你走过一家餐馆，看到有两个人在那里排队等候。"这家餐馆一定不错，"你想，"人们都在排队。"于是你也在后面排上了。又过来一个人。他看到三个人在排队就想，"这家餐馆一定很棒"，于是也加入到队列中。又来了一些人，他们也是如此。

利用"羊群金律"去收获

还有另一种羊群金律，我们把它称为"自我羊群金律"。这发生在我们基于自己先前的行为而拒想某事物好或不好。这主要是说，一旦排到了第一，在以后的经历中我们就会在自己后面排起队来。

假如你某天下午出去办事，觉得困倦，想喝点东西提提神。你透过星巴克的窗子朝里看了一眼，走了进去。咖啡的价格吓了你一跳——几年来你一直很幸运，喝的是邓肯甜甜圈店的煮咖啡。不过既然来了，你就感到好奇：这种价格的咖啡到底是什么味道？于是你做出让自己也吃惊的举动：点了一小杯，享受了它的味道和带给你的感受，然后信步走了出来。

下一周你又经过星巴克，你会再进去吗？理性的决定过程应该是考虑到咖啡的质量（星巴克对比邓肯甜甜圈店）、两处的价格，当然还有再往前走几个街区走到邓肯甜甜圈的成本。也许这种计算过于复杂——于是你采用一种简单的方式："我已经去过星巴克，我喜欢那里的咖啡，也挺开心，我就到那里吧。"于是你又走进去点了一小杯咖啡。

这样做，实际上你已经排到第二了，排到了你自己的后面。

几天以后，你再走进星巴克，这一次，你清楚地记得你前面的决定，又照此办理——好了，你现在排第三了，又排到第二个自己的后面。一周一周过去，你一次一次进星巴克，一次比一次更强烈地感觉到，你这样做是因为自己喜欢。于是到星巴克喝咖啡成了你的习惯。

　　故事到这里还没有结束。既然你已经习惯了花一点钱喝咖啡，你无意中抬高了自己的消费水平，其他的变化就简单了。或许你会从2美元20美分的小杯换成3美元50美分的中杯，再到4美元15美分的大杯。即使你根本弄不清楚自己是如何进入这一价格等级的，多付点钱换大一点的杯似乎也符合逻辑。星巴克的其他一系列横向排列的品种也是如此，比如美式咖啡、密斯朵牛奶咖啡、焦糖玛奇朵、星冰乐等。

　　如果停下来把这件事仔细想想，你可能搞不清楚到底是应该把钱花在星巴克的咖啡上，还是应该到邓肯甜甜圈店去喝便宜点的咖啡，甚至在办公室喝免费的。但你已经不再考虑它们之间的比较关系了。此时你自然而然地认为去星巴克花钱正合你意。你已经加入了"自我羊群"——你在星巴克排队排到了自己以前的经验之后。

　　但是，这个故事里还有某种奇怪的东西。如果说锚是基于我们的最初决定，那到底星巴克是怎样成为你最初决定的呢？换言之，如果我们从前把锚定在邓肯甜甜圈店，我们是如何把锚转移到星巴克的呢？真正有意思的也就在这里。

　　霍华德·舒尔茨创建星巴克时，他是个与萨尔瓦多·阿萨尔有同样直觉的生意人。他尽一切努力独树一帜，使星巴克与其他咖啡店不同——不是从价格上看，而是从品位上。从这一点上，他一开始对星巴克的设计就给人一种大陆咖啡屋的印象。

　　早期的店铺里散发着烤咖啡豆的香味（咖啡豆的质量要优于邓肯甜甜圈店的）。他们销售别致的法式咖啡压榨机，橱窗里摆放着各式诱人的点心——杏仁牛角面包、意大利式饼干、红桑子蛋奶酥皮糕等。邓肯甜

人生金律

— 8 —

甜圈店有小、中、大杯咖啡，星巴克提供小、中、大和特大杯，还有各种名称高贵华丽的饮料，如美式咖啡、密斯朵牛奶咖啡、焦糖玛奇朵、星冰乐等。换言之，星巴克不遗余力地打造这一切，来营造一种与众不同的体验，这种不同是如此之大，甚至让我们不再用邓肯甜甜圈店的价格作为锚来定位，与此相反，我们会敞开思想接受星巴克为我们准备的新锚。星巴克的成功很大程度上也就在这里。

羊群金律表现了人类共有的一种从众心理。从众心理很容易导致盲从，盲从则往往使人陷入骗局或遭到失败。在生活上和事业上，对他人的信息不可全信也不可不信，凡事要有自己的判断，这样才能出奇制胜。

第四节　野马金律：摒除负面情绪

野马金律是指：人们的恐惧、焦虑、抑郁、嫉妒、敌意、冲动等负性情绪，是一种破坏性的情感，长期被这些心理问题困扰就会导致身心疾病的发生。

不要被自己的情绪所束缚

在非洲草原上，有一种不起眼的动物叫吸血蝙蝠。它身体极小，却是野马的天敌。这种蝙蝠靠吸动物的血生存，它在攻击野马时，常附在马腿上，用锋利的牙齿极敏捷地刺破野马的腿，然后用尖尖的嘴吸血。

野马受到这种外来的挑战和攻击后，马上开始蹦跳、狂奔，但怎样也无法驱逐这种蝙蝠。蝙蝠在野马身上丝毫不受影响，直到吸饱喝足，才满意地飞去。而野马常常在暴怒、狂奔、流血中无可奈何地死去。

动物学家在分析这一问题时，一致认为吸血蝙蝠所吸的血量是微不足道的，远不会让野马死去，野马的死亡是它自己的狂奔所致。对于野马来说，蝙蝠吸血只是一种外界的挑战，是一种外因，而野马对这一外因的剧烈情绪反应，才是导致死亡的真正原因。

古代阿拉伯学者阿维森纳，曾把一胎所生的两只羊羔置于不同的外界环境中生活：一只小羊羔随羊群在水草地快乐地生活；而在另一只羊羔旁拴了一只狼，它总是受到自己面前那只野兽的威胁，在极度惊恐的状态下，根本吃不下东西，不久就因恐慌而死去。

后来，医学心理学家还用狗做嫉妒情绪实验：把一只饥饿的狗关在一个铁笼子里，让笼子外面另一只狗当着它的面吃肉和骨头，笼内的狗在急躁、气愤和嫉妒的负面情绪状态下，产生了严重的病态反应。

到了现代，随着医学科技的发展，美国一些心理学家以人为对象，进行了一次类似的实验。他们把生气人的血液中含的物质注射在小老鼠身上，以观察其反应。初期这些小鼠表现得呆滞，整天不思饮食，数天后，小老鼠就默默地死去了。

美国生理学家爱尔马收集了人们在不同情况下的"气水"，即把有悲痛、悔恨、生气和平静时呼出的"气水"做对比实验。结果又一次证实，生气对人体危害极大。他把心平气和时呼出的"气水"放入有关化验水中沉淀后，无杂无色，清澈透明，悲痛时呼出的"气水"沉淀后呈白色，悔恨时呼出的"气水"沉淀后也为白色，而生气时呼出的"生气水"沉淀后为紫色。把"生气水"注射在大白鼠身上，几分钟后，大白鼠死了。由此，爱尔马分析：人生气（10分钟）会耗费大量的人体精力，其程度不亚于参加一次3000米赛跑；生气时的生理反应十分剧烈，分泌物比任何情绪都复杂，都更具毒性。

不要被恐惧和焦虑所束缚

一天早晨，有一位智者看到死神向一座城市走去，于是上前问道："你要去做什么？"

死神回答说："我要到前方那个城市里去带走100个人。"

人生金律

那个智者说："这太可怕了！"

死神说："但这就是我的工作，我必须这么做。"

这个智者告别死神，并抢在它前面跑到那座城市里，提醒所遇到的每一个人：请大家小心，死神即将来带走100个人。

第二天早上，他在城外又遇到了死神，带着不满的口气问道："昨天你告诉我你要从这儿带走100个人，可是为什么有1000个人死了？"

死神看了看智者，平静地回答说："我从来不超量工作，而且也确实准备按昨天告诉你的那样去做，只带走100个人。可是恐惧和焦虑带走了其他人。"

恐惧和焦虑可以起到和死神同样的作用。实际上，在我们的生活中，这样的事情每天都在发生，只不过我们已经习以为常。

在生活中，我们难免会遇到不顺心的事，如不能宽容待之，一时情绪失常，甚至暴跳如雷，大发脾气，会严重危害自身健康。动辄生气的人很难健康、长寿，很多人其实是"气死的"。不要因芝麻小事而大动肝火，以致因别人的过失而伤害自己，造成"野马结局"。

第五节　蔡戈尼金律：贪多只会让自己超重

蔡戈尼金律是指人们天生就有一种办事有始有终的驱动力，人们之所以会忘记已经完成的工作，是因为想要完成的动机已经得到满足；如果工作尚未完成，这一动机就会使他对此留下深刻印象。

多数人都有完成欲

1927 年，心理学家蔡戈尼做了一个实验：将受试者分为甲乙两组，同时演算相同的数学题。其间让甲组顺利地演算完毕，而另外一组演算中途突然下令停止。然后让两组分别回忆演算的题目，乙组明显优于甲组。这种未完成的印象深刻地留存于乙组人的记忆中，久搁不下。而那些已经完成题目的人，"完成欲"得到了满足，也就轻松地忘记了任务。

这种解答未遂的问题，深刻地留存记忆中的心态叫蔡戈尼金律。

很多人有与生俱来的完成欲，要做的事一日不完结，一日得不到解脱。关于这种心理，曾有过这样一段佳话：一位爱睡懒觉的大作曲家，他的妻子为使丈夫起床，便在钢琴上弹出一组乐曲的头三个和弦。作曲家听完之后，辗转反侧，终于不得不爬起来，弹完最后一个和弦。

倘若信只写了一半，圆珠笔突然写不出了，你是随手拿起另一支笔继续写下去呢，还是四处找一支颜色相同的笔，在寻找时思路又转到别的方面去，而丢下没写完的信？或者，你是否被一本间谍小说迷住了，哪怕明天早上有一个重要的会议等你去开，你也要读到凌晨 4 点仍不释卷？之所以会出现这种现象，是因为人们天生有一种办事有始有终的驱动力。请试画一个圆圈，在最后留下一个小缺口，现在请你再看它一眼，你的心思会倾向于要把这个圆完成。

蔡戈尼金律使人们走入两个极端。一个是过分强迫，面对任务非得一气呵成，不完成便死抓着不放手，甚至偏执地将其他任何人和事物置身事外。但是一个把每件事都做完不可的人，驱动力过强，可能导致生活没有规律，心理太紧张、太狭窄。另一端是驱动力过弱，做任何事都拖沓啰唆，时常半途而废，总是一件事情没完成，就转移目标，那么永远无法彻底地完成一件事情。一个人做事总是半途而废，也许只是因为害怕失败，以及避免受到批评。同样，只愿永远当学生而不想毕业的人，也许是因为这样就可以不到社会上工作；也可能由于他在潜意识中就不相信自己可以成功，害怕成功。因此也就下意识地逃避成功。

适度的才是最好的

如果你经常走到"蔡戈尼金律"过强的那一端，那么你就很有可能是一个工作狂。这样的人通常性格比较偏执、自主、坚定，忙于完成任务的紧张生活一定充满了苦趣，太狭窄，太单一。你不妨试着缓和一下过强的"蔡戈尼金律"，周末和朋友约会，下班后看看电视，学习享受人生的乐趣。

如果经常走到"蔡戈尼金律"过弱的一端，你一定时常做事半途而废。心理医生对此给予了最简单的建议："如果你精力集中的时间限度是10分钟，那么，你的脑筋一开始散漫的时候，你就要停止工作，然后用3分钟的时间活动筋骨，例如跳几下，去倒一杯水，或是做些静力锻炼的肌肉运动。活动过后，再把另一个10分钟花在工作上。"

只有适度才是最好的，这样才能一方面事业有成，另一方面享受人生的乐趣。

第六节 迪斯金律：不要活在想象中

要学会把握现在

美国作家迪斯提出：昨天过去了，今天只做今天的事，明天的事暂时不管，关键是要把握好现在。

一位哲学家途经一座城池的废墟，碰到了"双面神"神像石雕。哲学家问石雕："你为什么会有两副面孔呢？"双面神回答说："有了两副面孔，我才能一面察看过去，牢牢地记取曾经的教训。另一面又可以瞻望未来，去憧憬无限美好的蓝图啊。"

哲学家说："过去的已经过去了，再也无法留住，而未来又是现在的延续，是你现在无法得到的。你不把现在放在眼里，即使你能对过去了如指掌，对未来洞察先知，又有什么实际意义呢？"双面神听了哲学家的话，不由得沉思半晌说："先生啊，听了你的话，我才明白，我今天落得如此下场的根源。"

哲学家问："为什么？"

双面神说："很久以前，我驻守这座城时，自诩能够一面察看过去，一面又能预见未来，却唯独没有好好地把握住现在，结果，这座城池便被敌人攻陷了，美丽的辉煌成了过眼云烟，我也被人们抛弃在废墟中了。"

生活中，有过许多许多这样的日子。常常对昨天的失败，念念不忘，

人生金律

耿耿于怀；又常常为明天的美丽，意气风发，斗志昂扬。然而，或许你意识不到，就在这埋怨与幻想当中，就在这追悔与盼望当中，我们失去了最宝贵的今天。昨天已经失去了，明天还没有到来，只有今天，才是我们真实拥有的，才是我们能有所作为的。

活在当下才能展望未来

有一个小和尚特别爱冥思苦想、钻研问题，一旦遇到自己搞不懂的问题，就茶不思，饭不想。有一天，他独自在山林中行走，脑子里却琢磨着一个经书上解不开的难题。突然他的鼻端扫过一阵腥风，他一抬头，发现前面的山路上，赫然有一只猛虎，正以迅雷不及掩耳之势向他扑过来。

小和尚大吃一惊，连忙转身拔腿就跑。人在危急的情况下，常常会做出自己都无法想象的事情，他跑得比平时要快很多。那只老虎在后面远远地追着，小和尚愈跑愈快，眼看可以逃出猛虎的威胁了，突然迎面出现了一道悬崖。正当他思索该如何处置眼前的状况时，那只猛虎已经追上来了。小和尚没得选择，只能往山涧中一跳，好在手中稳稳地抓住了悬崖旁边垂下的一条树藤，就这样让自己凌空悬吊在崖边。

祸不单行，小和尚发现在山涧的水中，竟浮现出一大群的鳄鱼。更糟糕的是，这时候悬崖边不知从哪儿冒出一黑一白两只老鼠，竟不约而同地抓起小和尚手握的那条树藤啃起来！只要老鼠再啃上一会儿，树藤就会断掉，毫无疑问，小和尚也就会因此落入鳄鱼的口中。小和尚望着那两只黑白老鼠，心中恍然大悟：这两只老鼠不就是象征白天与黑夜，不断地在啃食人们生命的剩余时光吗？而那只老虎、鳄鱼，则是过去和未来对人的压迫和恐慌。

在生命即将结束的这一刻，小和尚才终于领悟到：人的一生本来就

短暂，脆弱，可大多数人都无法专注于"现在"，而是陷入过去和未来之中若有所思，心不在焉。他们要不就是叹息昨天的失败，杞人忧天；要不就是想着明天、明年的事情，想象着未来的无比辉煌。生命中最重要的，不是回首和张望，而是牢牢抓住现在。

法国亚兰曾经说过："我们的过去不复存在，我们的未来不见踪影。所以我们不必为过去和未来而愁苦，我们只需认真地活在现在。"人生的意义，不过是嗅嗅身旁的一朵朵小花，享受一路走来的点点滴滴而已。毕竟，过去已经成为历史，未来尚不可知。只有现在才是上帝赐予我们的最美好的礼物。所以，为什么不抓住现在？

第七节　杜根金律：成功只认有信心的主人

胜利属于自信的人

杜根金律是由美国职业橄榄球联会前主席 D·杜根提出的，指的是：强者不一定是胜利者，但胜利迟早都属于有信心的人。

1955 年，18 岁的吉尔·金蒙特已是全美最有名气的年轻滑雪运动员了，她的照片被用作《体育画报》杂志的封面。她当时的生活目标就是获得奥运会金牌。然而，一场悲剧使她的愿望成了泡影。1955 年 1 月，在奥运会预选赛最后一轮比赛中，金蒙特沿着大雪覆盖的罗斯特利山坡开始下滑，由于当天的雪道特别滑，刚过几秒钟，她的身子一歪就失去了控制，她竭力挣扎着想摆正姿势，可是一个个接连不断的筋斗还是无情地把她推下了山坡。当她终于停下来的时候，已经昏迷了过去。人们立即把她送往医院抢救，虽然最终保住了性命，但她双肩以下的身体却永久性瘫痪了。

金蒙特博得奥运会金牌的理想彻底破灭了，但她面对困厄的斗志却没有被磨灭。几年内，她整日和医院、手术室、理疗和轮椅打交道，虽然病情时好时坏，但她从未放弃过对生活的不断追求。从事一项有益于公众的事业，来完成未完的理想，是她在意外发生之后的梦。历尽艰难，她学会了写字、打字、操纵轮椅、用特制汤匙进食。她在加州大学洛杉矶分校选听了几门课程，希望今后能当一名教师。当她向教育学院提出申请，系主任、学校顾问和保健医生都认为这是天方夜谭，因为她无法上下楼梯走到教室。

1963年，她终于被华盛顿大学教育学院聘用。由于教学有方，很快受到了学生们的尊敬和爱戴。金蒙特终于获得了教授阅读课的聘任书。后来由于她父亲去世了，全家不得不搬到曾拒绝她当教师的加利福尼亚州去。金蒙特决定向洛杉矶地区的90个教学区逐一申请。在申请到第18所学校时，已有3所学校表示愿意聘用她。学校特意对她要经过的一些坡道进行了改造，以便于她的轮椅通行，另外，学校还破除了教师一定要站着授课的规定。自1955年以来，很多年过云了，金蒙特从未得过奥运会的金牌，但她却得到了另一块金牌—为了表彰她的教学成绩而授予她的。

信心是人的生命支柱，面对人生旅途中的挫折与磨难，我们需要有清醒的头脑，更需要有信心。坚定我们的信念，无论是处在事业的顺境还是逆境、是人生波谷还是波峰，我们都应该脚踏实地地走好每一步，向着自己的目标迈进。

自信的程度决定成功的高度

春秋战国时期，一位将军带着他的儿子出征前线。父亲虽然已做了将军，但儿子还只是一名普通的兵士。双方交战甚激，又一阵号角吹响，战鼓擂鸣了。将军从行囊中拿出一个箭囊，其中插着一支箭，把它庄严地交给了儿子。父亲郑重对儿子说："这是世袭宝物，佩戴身边，将会给你带来无穷的力量。但要记住一点，无论任何时候都不能将其抽出来！切记！"

那是一个极其精美的箭囊，用厚牛皮打制，镶着幽幽泛光的铜边儿。露出的箭尾一眼便能看出是用上等的孔雀羽毛制作的。儿子喜上眉梢，感受到了来自箭囊和宝箭的巨大力量，顿时充满了信心。

果然，佩戴箭囊的儿子英勇非凡，所向披靡。当鸣金收兵的号角吹响时，儿子再也禁不住得胜的豪气，完全忘记了父亲的叮嘱，强烈的欲望驱使着他"呼"的一声就拔出宝箭，试图看个究竟，骤然间他惊呆了——一支断箭，箭囊里装着的竟是一只折断的箭。

"原来，我一直挎着这支断箭打仗呢！"儿子吓出了一身冷汗，仿佛顷刻间失去支柱的房子，意志轰然坍塌了。结果可想而知，他惨死于乱军之中。拂开蒙蒙的硝烟，父亲拣起那支断箭，沉重地说道："唉，不相信自己的意志，永远也做不成将军。"

一个人倘若想征服全世界，那就应该先征服自己。相信自己就是一支箭，若要它坚韧，若要它锋利，若要它百步穿杨，那么磨砺它、拯救它的都只能是自己。

成功的宝塔并非遥不可及，反而是在自己的手里。一个人成就的大小，取决于其自信程度的高低，正如河流的高度永远不会超过它的源头一样，一个人所取得的成就往往不会超出他拥有自信的高度。所以，想取得更高层次的成功，就要具有更高层次的信心。信心有多高，成就就会有多大。

第八节　巴纳姆金律：客观真实地认识自己

不要给自己戴上笼统的帽子

巴纳姆金律指的就是这样一种心理倾向，即人很容易受到来自外界信息的暗示，从而出现自我知觉的偏差，认为一种笼统的、一般性的人格描述十分准确地揭示了自己的特点。这个金律是以一位广受欢迎的著名魔术师肖曼·巴纳姆来命名的，他认为：他的节目之所以受欢迎，是因为节目中包含了每个人都喜欢的成分，所以每一分钟都有人上当受骗。

心理学家罗勃曾经做过一个实验，他给一群人做完明尼苏打多相人格检查表（MMPI）后，拿出两份结果让参加者判断哪一份是自己的结果。事实上，一份是参加者自己的结果，另一份是多数人的回答平均起来的结果。参加者竟然认为后者更准确地表达了自己的人格特征。

这项研究告诉我们，每个人都很容易认为一个笼统的、一般性的人格描述特别适合他。即使这种描述十分空洞，他仍然认为反映了自己的人格面貌。曾经有心理学家用一段笼统的、几乎适用于任何人的话让大学生判断是否适合自己，结果，绝大多数大学生认为这段话将自己刻画得细致入微，准确至极。

下面一段话是心理学家使用的材料，人们听后，经常会觉得这是在描述自己：

"你很需要别人喜欢并尊重你。你有自我批判的倾向。你有许多可以成为你优势的能力没有发挥出来，同时你也有一些缺点，不过你一般可以克服它们。你与异性交往有些困难，尽管外表上显得很从容，其实你内心焦急不安。你有时怀疑自己所做的决定或所做的事是否正确。你喜欢生活有些变化，厌恶被人限制。你以自己能独立思考而自豪，别人的建议如果没有充分的证据你不会接受。你认为在别人面前过于坦率地表露自己是不明智的。你有时外向，亲切，好交际，而有时则内向、谨慎、沉默。你的一些理想往往很不现实。"

　　这其实是一顶套在谁头上都合适的帽子。在生活中，巴纳姆金律的典型反映是在算命过程中。很多人请教过算命先生后都认为算命先生说的"很准"。其实，那些求助算命的人本身就有易受暗示的特点。当人的情绪处于低落、失意的时候，会对生活失去控制感，于是，安全感也受到影响。一个缺乏安全感的人，心理的依赖性也大大增强，更容易受暗示的影响。加上算命先生善于揣摩人的内心感受，稍微能够理解求助者的感受，在这种情况下，求助者立刻会感到一种精神安慰。算命先生接下来再说一段一般的、无关痛痒的话便会使求助者深信不疑。

自己才是自己的镜子

　　爱因斯坦小时候是个十分贪玩的孩子，学习不努力，还自认为比别人都聪明。他的母亲常常为此忧心忡忡，再三的告诫对他来说也如同耳边风。直到16岁那年秋天的一天上午，父亲将正要去河边钓鱼的爱因斯坦拦住，并给他讲了一个故事，这个故事改变了爱因斯坦的一生。

　　父亲说："昨天我和咱们的邻居杰克大叔去清扫南边的一个大烟囱，那烟囱只有踩着里面的钢筋踏梯才能上去。你杰克大叔在前面，我在后面。我们抓着扶手一阶一阶地终于爬上去了，下来时，你杰克大叔依旧走在前面，我还是跟在后面。钻出烟囱，我们发现了一件奇怪的事情：你杰克大叔的后背、脸上全被烟囱里的烟灰蹭黑了，而我身上竟连一点烟灰也没有。"

爱因斯坦的父亲继续微笑着说："我看见你杰克大叔那样，心想我一定和他一样，脸脏得像个小丑，于是我就到附近的河里去洗了又洗。而你杰克大叔呢，他看我钻出烟囱时干干净净的，就以为他也和我一样干干净净的，只草草地洗了洗手就上街了。结果，街上的人都笑破了肚子，还以为你杰克大叔是个疯子呢。"

爱因斯坦听罢，忍不住和父亲一起大笑起来。父亲笑完后，郑重地对他说："其实别人谁也不能做你的镜子，只有自己才是自己的镜子。拿别人做镜子，白痴或许会把自己照成天才。"

以人为镜，要根据自己的实际情况，选择条件相当的人作比较，找出自己在群体中的合适位置，这样才能比较客观的认识自己。在日常生活中，我们既不可能每时每刻都去反省自己，也不可能总把自己放在局外人的地位来观察自己，于是只能借助外界信息来认识自己。正因如此，每个人在认识自我时很容易受外界信息的暗示，迷失在环境当中，并把他人的言行作为自己行动的参照。

同样的道理，巴纳姆金律还能说明为什么人们会觉得星座性格分析、生肖性格分析、血型说明的描述符合自己的情况。从心理学的角度来分析，人们会很容易相信一个笼统的、一般性格的描述，并认为那个描述非常符合自己的情况。

对此，法国的研究人员曾做过一项测试，他们将臭名昭著的杀人狂魔马塞尔·贝迪德的出生日期等资料寄给了一家自称能借助高科技软件得出精准星座报告的公司，并支付了一笔不菲的报告费用。

三天后，该公司将一份详细的星座报告发送给了研究人员，大致的分析结果如下：他适应能力很好，可塑性很强，当这些能力得到训练就能发挥出来。他在生活中充满了活力，在社交圈举止得当。他富有智慧，是个具有创造性的人，他非常有道德感，

未　　会富足，是思想健全的中产阶级。

此外，这份星座报告还根据贝迪德的年龄做出了推断，预测他在1970年至1972年间会考虑到感情生活做出承诺。可事实上是，"颇有道德观"的贝迪德犯下了19条命案，于1946年被处以死刑。

拿到这份搞笑的星座报告后，研究人员又将第二次世界大战发起者希特勒的生日资料发送给其他星座研究公司，并找来五十多名并不知道希特勒具体出生日期的星座爱好者参加讨论。

研究人员根据星座资料询问这些星座爱好者对不同星座性格的看法，结果都与多数星座资料书一致。最后，研究人员问在场的几乎所有星座爱好者，认为希特勒是什么星座，在场几乎所有人都认为阴险狠毒的天蝎座是希特勒的星座，只有两人认为是完美主义的射手座。可事实上，希特勒的生日是在四月，与这两个星座一点关系都没有。

最后，星座公司也没能准确地将希特勒的性格概况出来，并且还"不准确"地预测希特勒"非常喜欢动物，富有爱心，热爱和平"。

算命、星座、生肖等预测对人们的影响，除了有心理方面的原因，还可以用概率学来解释。事物都具有两面性，因此这些预测常常有50%的胜算。"你这个人富有同情心，喜欢小动物。"像这样大众化的描述，大多时候是奏效的，当然也有50%失败的机会。

在两千年前，古希腊人就把"认识你自己"作为铭文刻在阿波罗神庙的门柱上。然而时至今日，人们不得不遗憾地说，"认识自己"的目标距离我们仍然还很遥远。探索其原因，就是我们不能真正认识到心理学上的"巴纳姆金律"，并逐渐地找到真实的自己。

第九节 标签金律：不要被标签所诱导

当一个人被贴上一种词语或名称的标签的时候，就会做出自我印象管理，使自己的行为与所贴的标签内容相一致。这种现象是由于贴上标签而引起的，故称为"标签金律"，心理学上也叫"暗示金律"。

多给自己贴上积极的标签

心理学家克劳特在 1973 年做了一个实验。他要求人们为慈善事业做出捐献，然后根据他们是否有捐献，给予"慈善的"或"不慈善的"称号，另一些被试者则没有用标签法。后来再次要求他们做捐献的时候，标签就有了使他们以第一次的行为方式去行动的作用，也就是那些第一次捐了钱并被称为"慈善的"人，比那些没有标签的人捐得要多，而那些第一次没有捐钱而被称为"不慈善的"比没有标签的人贡献得更少。

但是，如果贴的标签不是正面的、积极的，那么被贴标签的人就可能向与所贴标签内容相反的方向行动。心理学家斯弟尔在 1976 年对此做了一项研究。他给人们打电话，说他们参加了（或没有参加）某个团体，或者讲一些对那个团体不太好的话，然后要求这些人帮助那个团体。结果表明，消极的标签比积极的标签起了更大的作用，其原因大概是被测试者认为这种标签太不公正。因此，他们想主持公道，并乐于帮助这个团体。

心理学认为，之所以会出现"标签金律"这种现象，主要是因为"标签"具有定性导向的作用，无论是"好"是"坏"，它对一个人的"个性意识的自我认同"都有强烈的影响作用。给一个人"贴标签"的结果，往往是使其向"标签"所指向的方向发展。

学会用积极去暗示

在第二次世界大战期间，美国兵力不足，而战争又的确需要一批军人。于是，美国政府就决定组织关在监狱里的犯人上前线战斗。为此，美国政府特意派了几个心理学专家对犯人进行了战前的训练和动员，并随他们一起到前线作战。训练期间心理学专家们对他们没有过多地进行说教，而是特别强调犯人们要每周给自己最亲的人写一封信。信的内容由心理学家统一拟定，叙述的是犯人在狱中的表现如何的好，如何的接受教育、改过自新等。专家们要求犯人们认真抄写后寄给自己最亲爱的人。

三个月后，犯人们开赴前线，结果，这批犯人在战场上的表现比起正规军而言毫不逊色，他们在战斗中正如自己信中所说的那样服从指挥，那样勇敢拼搏。

在标签金律中，如果贴的标签是反面的、消极的，那么被贴标签的人也可能由于觉得不公平而产生与所贴标签内容方向相反的行动，也就是说，"激将法"是可行的。但是，要负面的、消极的标签产生正面的效果需要两个条件：一是被贴标签者能够理解所贴标签是客观、公正的；二是被贴标签者的独立性比较强。

一个人的成长，不但受制于先天的遗传因素，更脱离不开后天环境的影响。在种种影响因素中，社会评价和心理暗示的作用非常之大，所以每个人的性格和行为变得跟他人对自己的评价越来越相像。我们要善于运用"标签金律"对人们的心理起到健康的引导作用，做一个健康、向上的人。

第十节 破窗金律：不要忽略微小的细节

破窗金律是社会学家威尔逊和犯罪学家凯琳提出的。如果有人把一幢建筑物的窗户玻璃打破了，而这扇窗户没有得到及时的维修，这就将给别人某些暗示，纵容人们去打烂更多的窗户。久而久之，这些破窗户就给人们造成一种无序感。最后，在这种公众麻木不仁的氛围中，就会滋生犯罪，并且会发展到猖獗。

杜绝不良现象的存在

1969 年，美国斯坦福大学的心理学家菲利普·辛巴杜进行了一项实验：他找来两辆一模一样的汽车，其中一辆停在加州帕洛阿尔托的中产阶级社区，另一辆停在相对杂乱的纽约布朗克斯区。他把停在布朗克斯的那辆车的车牌摘掉，把顶棚打开，结果，这辆车当天就被人偷走了。而放在帕洛阿尔托的那一辆，一个星期也没有人去关注。接着，辛巴杜用锤子把停在帕洛阿尔托那辆车玻璃敲了个大洞。结果，仅仅过了几个小时，这辆车就不见了。

纽约地铁曾被认为是"可以为所欲为、无法无天的场所"，针对纽约地铁犯罪率的飙升，纽约市的警察局长布拉顿采取的措施是：号召警察认真推进有关"生活质量"的法律。他以"破窗金律"为师，虽然地铁站的重大刑案不断增加，他却全力打击逃票。结果发现，每 7 名逃票者中，就有 1 名是通缉犯；每 20 名逃票者中，就有一名携带着凶器。这样，从抓逃票开始，地铁站的犯罪率竟然逐渐下降，治安状况大幅好转。他的做法显示，小奸小恶正是暴力犯罪的温床。对这些看似微小、却有象征意义的违章行为进行大力整顿，就能大大地减少刑事犯罪。

我们日常生活中也经常有这样的体会：桌子上的财物，敞开的大门，可能使原本没有贪念的人心生贪念。一间房子如果窗户破了，没有人去修补，隔不久，其他的窗户也会莫名其妙地被人打破；一面墙上如果出现一些涂鸦没有清洗掉，很快墙上就布满了乱七八糟、不堪入目的东西。而在一个很干净的地方，人们会很不好意思扔垃圾，但是一旦地上有垃圾出现，人们就会毫不犹豫地随地乱扔，丝毫不觉得羞愧。对于违反公司程序或廉政规定的行为，有关组织没有进行严肃的处理，没有引起员工重视，就会使类似的行为再次甚至多次重复发生；对于工作不讲求成本效益的行为，有关领导不以为然，就会使下属的浪费行为因得不到纠正而日趋严重，这就是"破窗金律"的种种表现。

及时纠正自己的错误

美国有家公司，规模虽然不大，但以极少炒员工鱿鱼而著称。有一天，资深车工杰瑞在切割台上工作了一会儿，就把切割刀前的防护挡板卸下放在一旁。没有防护挡板，虽然埋下了安全隐患，但收取加工零件会更方便、快捷一些，这样杰瑞就可以赶在中午休息之前完成工作。不巧的是，杰瑞的举动被走进车间巡视的主管逮了个正着。主管雷霆大怒，令他立即将防护板装上，之后又站在那里大声训斥了半天，并声称要作废杰瑞一整天的工作。第二天一上班，杰瑞就被通知去见老板。老板说："身为老员工，你应该比任何人都明白安全对于公司意味着什么。你今天少完成了零件，少实现了利润，公司可以换个人换个时间把它们补起来，而你一旦发生事故，失去健康乃至生命，那是公司永远都补偿不

人生金律

— 26 —

起的。"

　　离开公司那天，杰瑞流泪了，工作了几年，杰瑞有过风光，也有过不尽如人意的地方，但公司从没有人说他不行。可这次不同，杰瑞知道，这次事情虽小，但触碰到的却是公司灵魂的东西。

　　在平时的生活中，对自己或他人所犯的错误，应该适时、迅速、积极地做出反应，根据具体情况进行处理或给出必要提示，让自己和他人都知道：这样做是不对的。只有这样，在心理上才能起到警示作用。千万不能等犯了很多错误再去处理，那样只会让错误越积越多。

　　任何一种不良现象的存在，都在传递着一种信息，这种信息将会导致不良现象的无限扩展。所以必须高度警觉那些看起来是偶然的、个别的、轻微的"过错"行为，如果对这种行为不闻不问、熟视无睹或纠正不力，就会纵容更多人"去打烂更多的窗户玻璃"，极有可能演变成"千里之堤，溃于蚁穴"的恶果。

第十一节　逃避金律：财富苦中来

　　逃避金律是指当我们面对一些给自己带来痛苦的负面事件时，我们本能地采取逃避的态度。

不要有逃避的心态

　　"影子真讨厌！"小猫汤姆和托比都这样想，"我们一定要摆脱它。"然而，无论走到哪里，汤姆和托比发现，只要一出现阳光，它们就会看到令它们抓狂的自己的影子。不过，汤姆和托比最后终于都找到了各自的解决办法。汤姆的方法是，永远闭着眼睛。

托比的办法则是，永远待在其他东西的阴影里。

这个寓言说明了，一个小的心理问题是如何变成更大的心理问题的，用逃避的方法是如何毁掉你的人生的。

在生活中，因为痛苦的体验，我们不愿意去面对负面事件。但是，一旦发生过，这样的负面事件就注定要伴随我们一生，我们能做的，最多不过是将它们压抑到潜意识中去，这就是所谓的忘记。但是，它们在潜意识中仍然会一如既往地发挥作用。并且，哪怕我们把事实遗忘得再干净，这些事实所伴随的痛苦仍然会袭击我们，让我们莫名其妙地伤心难过，而且无法抑制。这种疼痛让我们更想去逃避。

发展到最后，通常的解决办法就是两个：要么，我们像小猫汤姆一样，彻底扭曲自己的体验，对生命中所有重要的负面事实都视而不见，要么，我们像小猫托比一样，干脆投靠痛苦，把自己的所有事情都搞得非常糟糕，既然一切都那么糟糕，那个让自己最伤心的原初事件就不是那么痛苦了。

医生说，99%的吸毒者都有过痛苦的遭遇。他们之所以吸毒，是为了让自己逃避这些痛苦。痛苦是一个魔鬼，为了躲避这个魔鬼，干脆把自己卖给更大的魔鬼。还有很多酗酒的人，他们之所以酗酒，是因为他们曾有过一个酗酒而暴虐的老爸，挨过老爸的不少折磨。为了忘记这个痛苦，他们学会了同样的方法。

除了这些错误的方法，人类还发明了无数种形形色色的方法去逃避痛苦，弗洛伊德将这些方式称为心理防御机制。在人极度痛苦的时候，这些防御机制是必要的，但糟糕的是，如果心理防御机制将事实扭曲得太厉害，它会带出更多的心理问题，譬如强迫症、社交焦虑症、多重人格，甚至精神分裂症等。

要直面生活中的困苦

贝多芬是一个能直面生活困苦的人。1792 年贝多芬离开故乡波恩，前往音乐之都维也纳。不久痛苦叩响了他的生命之门，从 1796 年开始，他的听觉日渐衰退，而他却没有放弃自己的音乐梦想，直面困苦，创作出了《英雄交响曲》等名作。

真正解决问题的方法只有一个—直面痛苦。直面痛苦的人会从痛苦中得到许多意想不到的收获，这些痛苦最终会变成我们生命的财富。美国心理学家罗杰斯曾是最孤独的人，但当他面对这个事实并化解后，他成了真正的人际关系大师；美国心理学家弗兰克有一个暴虐而酗酒的继父和一个糟糕的母亲，但当他挑战这个事实并最终从心里原谅了父母后，他成了治疗这方面问题的专家；日本心理学家森田正马曾有严重的神经质倾向，但他通过挑战这个事实最终发明了森田疗法……他们生命中最痛苦的事实，最后都变成了他们最重要的财富。

逃避金律告诉我们，不管多么痛苦的事情发生在身上，你都是逃不掉的。你只能去勇敢地面对它，化解它，超越它，最后和它达成和解。如果你自己暂时缺乏力量，你可以寻找亲友或找专业人士帮助，也可以让你信任的人陪着你一起去面对这些痛苦的事情。

第十二节　詹森金律：压力可以转化为动力

有一名运动员叫詹森。平时训练有素，实力雄厚，但在体育赛场上却连连失利。人们借此把那种平时表现良好，但由于缺乏应有的心理素质而导致竞技场上失败的现象称为詹森金律。

不要有过重的心理负担

詹森金律在中国的运动员身上也曾经出现过。2004年雅典奥运会，被寄予夺金厚望的中国男子体操世界冠军李小鹏，在男子单项比赛中发挥失常，仅获得一枚双杠铜牌。同样是他，在2003年世界体操锦标赛却获得了这两个项目的冠军，而且也是2000年悉尼奥运会的双杠金牌得主。由此，我们不能说他没有夺金的实力。事实上，他在赛后接受采访时也表示，这次发挥失常的主要原因是某些特殊情况给自己带来了较大的压力，心情紧张。

同样是在雅典奥运会上，中国女排以3：2战胜俄罗斯队，赢得了奥运冠军。当中华人民共和国国歌奏响，国旗升起的时候，有多少人为此落泪。这不只是因为我们赢了，更多的是因为在这过程中表现出来的女排精神。事实上，她们最初负于俄罗斯队两局，不能再失局的中国队在第三局并没有出现人们意料中的慌乱，打得依然有板有眼，除了其间出现一次12平外，比分更是一路压着对手。就这样，赢回信心的中国姑娘笑到了最后。由此，我们不得不说，是中国女排良好的心理素质赢了。还有乒乓女将邓亚萍，虽然已经隐退，但每每提起她，我们总会想到她，在赛场上胜败取决于最后几个球的关键时刻，总能沉着冷静，最终赢得胜利。她自己也曾经说过，其实技术有时是不分上下的，这时靠的就是心理素质。

后羿是夏朝著名的神箭手。他练就了百步穿杨的好本领，立射、跪射、骑射样样精通，几乎从来没有失过手。夏王听说了这位神射手的本领，十分欣赏他。有一天，夏王想把后羿召入宫中来，看看他那炉火纯青的射技。夏王命人把后羿带到御花园里，找了个开阔地带，叫人拿来了一块一尺见方，靶心直径大约一寸的兽皮箭靶，用手指着说："这个箭靶就是你的目标。如果射中了的话，我就赏赐给你黄金万镒；如果射不中，那就要削减你一千户的封地。"

后羿听了夏王的话，一言不发，面色变得凝重起来。看着一尺见方的靶心，想着即将到手的万两黄金或即将失去的千户封邑，他心潮起伏，难以平静，平素不在话下的靶心变得格外遥远，他的脚步显得相当沉重。他慢慢走到离箭靶一百步的地方，然后取出一支箭搭上弓弦，摆好姿势拉开弓开始瞄准。

想到自己这一箭出去可能发生的结果，后羿的呼吸变得急促起来，拉弓的手也微微发抖，瞄了几次都没有把箭射出去。最后，后羿一咬牙松开了弦，箭应声而出，"啪"地一下钉在离靶心足有几寸远的地方。后羿脸色一下子白了，他再次弯弓搭箭，精神却更加不集中了，射出的箭也偏得更加离谱。

后羿收拾弓箭，悻悻地离开了王宫。夏王在失望的同时掩饰不住心头的疑惑，就问道："后羿平时射起箭来百发百中，为什么今天大失水准呢？"有一位一直在旁边观察的大臣解释说："后羿平日射箭，不过是一般练习，在一颗平常心之下，水平自然可以正常发挥。可是今天他射出的箭直接关系到他的切身利益，根本无法静下心来施展技术，又怎么能射得好呢？"

本来稳操胜券的后羿，因为心理负担过重而大失水准，最终黯然离场。他的悲剧有各种各样的解释，但是我们从心理学上分析，可以归因于詹森金律。要走出"詹森金律"的怪圈，必须主动去克服对失败的恐惧。要做到这一点，根本的方法是保持一颗平常心。

平常心让自己走得更远

天下万物生于有，有生于无，成生于败，败致于成。对任何事情的得与失、成与败都要辩证地看，走出狭隘的患得患失的阴影，不贪求超常发挥，只求正常发挥出自己的水平。

有位年轻人在岸边钓鱼，邻旁坐着一位老人，也在钓鱼。二人坐得很近。奇怪的是，老人家不停有鱼上钩，而年轻人一整天都未有收获。他终于沉不住气，问老人："我们两人的钓饵相同，地方一样，为何你能轻易钓到鱼，我却一无所获。"

老人从容答道："我钓鱼的时侯，只知道有我，不知道有鱼。我不但手不动，眼不眨，连心也似乎静得没有跳动，使鱼不知道我的存在，所以，它们咬我的鱼饵。而你心里只想着鱼吃你的饵没有，连眼睛也不停地盯着鱼，见有鱼上钩，心有急躁，情绪不断变化，心情烦乱不安，鱼不让你吓走才怪，又怎会钓到鱼呢？"

一个人的进取心太强，对某个事物刻意追逐，目标就像蝴蝶一样振翅飞远。而平常心可以使人心绪宁静、处变不惊，更易达成目标，而且平常心也可产生情感自慰，使人的生活更加和谐平衡。但是很多人会说，我生活的环境不允许我保持平常心，又该怎么办呢？如果是这样的话，那么就只能退而求其次，主动参与每一次竞争，不断地对人生旅程中所出现的"压力"和"障碍"加以适应。适应是一个过程，可以在一次次的磨砺中实现从量到质的飞跃，从而提高对外界压力的承受能力。

人生道路上有风有雨，有阴有晴。平心静气地走出患得患失的阴影，所谓"平常心"，只要树立自信心，一分耕耘必定有一分收获，最终定会为人生交付满意的答卷。

第十三节　发泄金律：先反省
自己错在哪

发泄金律指的是一种典型的坏情绪传染。人的不满情绪和糟糕的心情，一般会随着社会关系链条依次传递，由地位高的传向地位低的，由强者传向弱者，无处发泄、最弱小的人便成了最终的牺牲品。其实，这是一种心理疾病的传染。

动怒不如反省

员工挨了老板的骂，心里很生气，回家就跟妻子吵了一架。妻子觉得莫名其妙很窝火，正好儿子回家晚了，就给了儿子一耳光。儿子没处撒气，看见家里的猫就狠狠踢了它一脚。猫跑到街上，正好一辆卡车开过来，司机为了避让突然出现的猫，却把路边的孩子撞伤了，一件小事最后酿成大祸。这就是著名的"发泄金律"。

"进门前，请脱去烦恼；回家时，带快乐回来。"一位家庭主妇在她的房门上挂了这么一方木牌。在她的家中，男主人一团和气，孩子大方有礼，一种温馨、和谐的气氛满满地充盈整个空间。询问那块木牌，女主人笑笑，解释说："有一次我在电梯镜子里看到一张疲惫的脸，一副紧锁的眉头，忧愁的眼睛……把我自己吓了一大跳。于是，我开始想，孩子、丈夫看到这副愁眉苦脸时，会有什么感觉？假如我对面也是这副面孔，我又会有什么反应？接着我想到孩子在餐桌上的沉默、丈夫的冷淡，这些在我原来认为是他们不对的事实背后，隐藏的真正原因竟是我！当晚我便和丈夫长谈，第二天就写了一块木牌钉在门上提醒自己。结果，被提醒的不只是我自己，而是一家人……"主妇不经意间的一句平白朴实的话，让原本死气沉沉的家庭又焕发出生机。如果我们稍稍用心，把这种豁达和体恤用于生活、工作的各个方面，"发泄"这条恶劣的传递链就能被截断了。

善待批评

生活中，我们每一个人不可能永远不犯错误。犯了错误之后，如果有人能及时地提出批评意见，这是犯错误者的福气。如果没有人及时地提出来，我们也许就不知道自己犯了错误。因此，就会在错误的道路上越走越远，甚至毁了自己的一切。

西周时期，周厉王暴虐骄横，宠信佞臣，百姓怨声载道，其中不少人对厉王提出批评。厉王非常生气，发现谁背后议论他就抓来杀掉。果然议论批评的人少了，厉王高兴地说："我消除批评，人们才不敢说话了。"但百姓最后忍无可忍，诸侯也群起反抗，厉王终被打败。

战国时期，齐威王为了能听到真话，使自己不受蒙蔽，颁布了道命令："所有官吏和百姓，凡能当面指出我的错误的，受上奖；凡上书批评我的，受中奖；能在市井批评我的，只要传到我的耳朵里，受下奖。"命令一颁布，来提意见的人很多。齐国也因君主明政，变得更为强盛。

只要有人提出了批评，不管我们接不接受，至少批评让我们知道了自己犯了错误，会使我们引起警觉。只要我们注意，那么，我们在今后的生活里就会少犯或不犯同样的错误。其实，批评在我们日常的工作、学习、生活里是少不了的，亲朋之间、同事之间、上下级之间，都需要有相互的批评指正。

我们生活在一个有多重诱惑的社会，一失足就会成千古恨。批评能让我们警钟长鸣，即使批评错了也能让我们未雨绸缪，防患于未然。因此，我们无须因为受了批评而生气。批评是生活中我们每个人都会遇到的，

人生金律

我们应该善待批评。

在现实的生活里，我们很容易发现，许多人在受到批评之后，不是冷静下来想想自己为什么会受批评，而是心里面很不舒服，总想找人发泄心中的怨气。其实这是一种没有接受批评、没有正确地认识自己的错误的一种表现。受到批评，心情不好这可以理解。但批评之后产生了"发泄金律"，这不仅于事无补，反而容易激发更大的矛盾。

第 2 章

口吐莲花功自满——说话办事金律

　　说话办事要讲究一定的技巧，这样才能达到事半功倍的效果。说话办事更要讲求规则，在规则中以不变应万变，这样才能让说者所向披靡，听者心悦诚服，这样办起事来才能无所不能，无往不胜。

第一节 墨菲金律：会出错的
总会出错

墨菲金律是由一个名叫墨菲的美国上尉提出的。他认为自己的某个同事是个倒霉蛋，于是在不经意间说了句笑话："如果一件事情有可能被弄糟，让他去做的话一定就会弄糟。"这一句话后来被延伸拓展，最后演绎出其他的表达形式，比方说："如果坏事有可能发生，不管这种可能性多么小，它总会发生，并会引起最大的损失"。"会出错的，终将会出错"等。

根据墨菲金律可以推出四条结论：

1. 任何事情都没有表面看起来那么简单；

2. 会出错的事情总会出错；

3. 如果你担心某种情况发生，那么它发生的概率就会更大；

4. 所有的事情做起来都会比你预计的时间长。

民间俗语所说，"上的山多终遇虎"、"祸不单行"等，其实就是"墨菲金律"。当你赶着去参加重要会议的时候，却发现出租车不是有客就是不搭理你。可是平常不需要出租车的时候，大街上到处都跑着空车。一个月之前不小心把浴室的镜子打碎了，在仔细检查和冲刷之后仍然不敢光着脚走路，当过了很久认为没有危险了，光着脚走，不幸的事最终还是发生了—被碎玻璃扎了脚。

周到全面地去做事

其实，也不要过于担心，避免墨菲金律是有办法的，关键是要做到以下三点：

1. 至少要用 3 种方法或者找 3 个人去检查、测试你的工作，确定工作没有差错。

2. 至少想出 3 个可能发生的意外，然后制定这 3 个意外发生时的应对方案。

3. 至少有 3 个方案来作为失败后的补救方法。

总之，对抗墨菲金律要用多种方案策略。即在你做非常重要的事情时，要多想一些方法，保证自己的工作没有严重失误，就算有失误也可以尽快补救。

2003 年，美国的哥伦比亚号航天飞机在就要返回地面的时候，发生了不幸——在美国得克萨斯州中部地区的上空解体，机上 6 名美国宇航员以及首位进入太空的以色列宇航员拉蒙遇难。哥伦比亚号航天飞机失事这件事便印证了墨菲金律所诠释的内容。如此复杂的系统是一定要出事的，不是今天，就是明天，合情合理。当发生一次事故之后，人们总是要积极地寻找事故发生的原因，目的是为了防止下一次事故。要是从此放弃航天事业，或者听任下一次事故再次发生，这都不是一个国家能够接受的结果。人类永远都不可能变成神仙，当你妄自尊大的时候，墨菲金律就会现身，让你适可而止；相反，如果你能及时地弥补错误，墨菲金律会帮助你把事情做得更加严密。

墨菲金律告诉我们，容易犯错误是人类与生俱来的弱点，不论科技多发达，事故都会发生。而且我们解决问题的手段越高明，面临的麻烦就越严重。所以，我们在事前应该尽可能想得周到、全面一些，如果真的发生不幸或者损失，那就笑着应对吧，关键在于总结所犯的错误，而不是企图掩盖它。

人生金律

在错误中学习成功的经验

墨菲定理并不是一种强调人为错误的概率性定理，而是阐述了一种偶然中的必然性，我们再举个例子：你兜里装着一枚金币，生怕别人知道也生怕丢失，所以你每隔一段时间就会去用手摸兜，去查看金币是不是还在，于是你的规律性动作引起了小偷的注意，最终金币被小偷偷走了。即便金币没有被小偷偷走，那个总被你摸来摸去的兜最后也被磨破了，金币也会丢失。

近半个世纪以来，"墨菲定律"曾经搅得人们心神不宁，它提醒我们：我们解决问题的手段越高明，我们将要面临的麻烦就越严重。事故照旧还会发生，永远会发生。"墨菲定律"忠告人们：面对人类的自身缺陷，我们最好还是想得周到、全面一些，采取多种保险措施，防止偶然发生的人为失误所导致的灾难和损失。归根到底，"错误"与我们一样，都是这个世界的一部分，狂妄自大只会使我们自讨苦吃，我们必须学会接受错误，并不断从中学习成功的经验。

第二节　弗洛伊德金律：永远背叛不了自己的内心

所谓"弗洛伊德口误金律"是由精神分析学鼻祖弗洛伊德提出的，这是一个著名的心理学理论。在弗洛伊德看来，人的精神世界好比是一座冰山，清醒意识其实只占其中浮出水面的那一小部分，而在水面底下隐藏的大部分都是潜意识，潜意识里面的任何冲突和纠葛都会给清醒意识带来不同程度的影响。口误就是潜意识改头换面的表现，口误的内容往往是内心深处真实想法的反映和写照。

认识到人们潜意识里的意图

　　生活中，我们经常会在无意中说错话，这些错话都被称为"口误"。其实口误原本只是琐屑的过失的表现形式，而弗洛伊德却对此非常感兴趣，并将口误作为一个重要的研究对象纳入他的潜意识理论当中。说错名字是一种常见的口误，弗洛伊德对此类口误的解释是：用一个名字替代另一个名字，错误地说出了另一个人的名字，这些都表明了人们存在一种情感，而由于种种原因，人们在当时的情况下又不能完全将这种情感表现出来。

　　在心理学家和他人沟通的过程中，人们往往喜欢创造一种舒适的氛围，让那些与自己沟通的人感觉安逸，放松心理警戒，公开、诚实地表达出自己的想法。在这种情况下，如果让一个人自由地谈论自己，我们会发现，之前不管他的心理戒备是多么强烈，最终肯定会在某个时刻释放出自己的潜意识，脱口而出真实的想法。比如说，一个人说他今天跟着母亲去逛街了，而事实上，他是跟自己的女朋友去逛街了，这就有可能说明，这个人对母亲有某种超越了亲情的心理依恋。

　　喜欢《老友记》的朋友一定会记得这样一个情节：Ross 和 Emily 在伦敦一个教堂举行婚礼，在悠扬的英格兰乐曲中，Emily 跟着牧师宣誓："我，Emily，将把 Ross 当成我的合法丈夫，无论贫穷与富有，健康与疾病，都将厮守一生！"轮到 Ross 宣誓："我，Ross，将把 Rachel—"在场亲友顿时大惊失色—Ross 居然把 Emily 的名字错说成原来的恋人 Rachel！如果弗洛伊德老人家在场，一定露出会心的微笑：Ross 你内心深处依然爱着 Rachel！你的口误完全是你潜意识里的冲突思维流露！

捕捉潜意识的销售员

　　了解人的潜意识就能够了解一个人当时的情况，从而知道他想如何采取下一步行动。

　　有这样一个故事，有一位房地产销售代表带着一对夫妇去看房。这个房子本身的状态并不是很好，但是当他们在房前停下来的时候，那位女士的视线很快被房子后院的一颗正在开花的樱桃树所吸引。她立刻对丈夫说："看那棵开花的樱桃树！当我还是小女孩的时候，我家后院也有一棵，当它开花的时候也像现在这样美丽。我从小就喜欢住在一幢有樱桃树的院子里。"她对自己丈夫感慨时所透露出的信息，立刻被这位销售人员准确地捕捉了。这位销售人员非常清楚，女主人在买房子的时候，决定权有多大，所以他决定把主要的精力都集中在这位女士身上。当男主人就厨房太小、卧室朝向不好对房子提出异议的时候，销售人员都找到了一个非常好的应对责难的方法，就是承认问题所在，但是明确向女主人传达一个信息：这里"厨房是小了点，卧室的确朝向不是很好，但是不管你在厨房做饭也好，在卧室休息也好，你都可以从你面前的窗户看到那棵美丽的开花的樱桃树"。最后，这棵樱桃树甚至成了这个销售代表阐述房子设计的核心创意的最好依托：为了展示这棵美丽的樱桃树，房子在设计上不可避免地会出现这些小问题。最后，这位钟情于樱桃树的女士，不再考虑任何问题，做出了购买决定。交易成功的原因是这个销售人员非常成功地利用了他准确捕捉到的对方潜意识里的主观倾向性意图。

　　人的潜意识所带来的意图虽然可以掩饰，但总会从某些方面暴露出来，只要消除人的防范意识或人为地制造一些情感压力，往往可以直接或间接了解到所要探询的信息。

第三节　黄金分割金律：无处不在的 "美" 黄金分割的重要性

专家学者数百年的研究发现，建筑、结构力学、工程、美术、音乐，甚至很多大自然事物等，都与0.618这个比值和另一个相对的比值0.382这两个神秘的数值有关。而0.618和0.382这两个神秘的数字相加之和正好是1，所以这个规律被称为黄金分割率或黄金切割率。当建筑物、窗户、相框、书籍等长、宽比例接近黄金分割率的时候，看上去最美也最舒服。

黄金分割率也被称为黄金切割率，关于它的起源有两种说法：一种认为首先提出它的人是古希腊雅典学派第三大算学家欧道克萨斯。他提出，把一条线段AB（ACB）在0.618（C点）的地方截开两段，AC：AB=CB：AC，C点就是黄金分割点。另一种说法则认为提出者是古代希腊哲学家、数学家毕达哥拉斯。传说他有一天正在街上走，听到铁匠铺中铁匠打铁的声音特别有规律，于是他便用数理的方式把此规律记录下来，经计算，数字间的比例竟神奇近似。这两种说法，提出的人物不同，但实质意义无异，都是数字的比例。

另外还有一种说法，说是在15世纪，法兰克教士路卡·巴乔里发现，埃及金字塔之所以千年屹立不倒，是因为金字塔的高和基座各边比例是5：8（0.625）。于是，这位教士有感于这个神秘比值的奥妙与价值，最后使用了黄金一词，把描述这一比值的数字命名为黄金分割。

黄金分割率是一个神奇的金律，例如，如果一个人从肚脐到脚的长度是身高的0.618，那么这个比例的身材是最匀称最协调的。很多人以为在舞台中央是最美的，其实不然，舞台上的报幕员站在黄金分割点最美，传出的声音也最和谐柔美。

黄金分割率应用于世界上许多重大事件和著名建筑，例如拿破仑在进入莫斯科三个月后撤退的时间；第二次世界大战期间，斯大林格勒保卫战中，德国久攻不下的撤退时间。这些时间都在黄金分割点上。在此之后，无论是拿破仑还是法西斯德国都盛极而衰。海湾战争时，多国部队从空中摧毁了伊拉克百分之四十左右的军事力量（军事力量消耗临界点）后，在地面只用了几百人进攻，就轻易占领了整个伊拉克。成吉思汗纵横南北，五排骑兵阵形中，人盔马甲重骑兵和快捷灵活的轻骑兵比例为2：3，这完全是黄金分割率金律的比例。秦陵兵马俑方阵，古希腊帕特农神庙、法国巴黎圣母院、埃及金字塔等建筑比例，也都充分利用了黄金分割比例。

未雨绸缪地做事情

现实生活中，利用黄金分割金律对股市进行预测分析，不仅能比较准确地预测出股值或股价上涨或下跌的幅度，还能测定出股指或股价上升过程中的阻力位置（压力位），以及下跌过程中的支撑位。这为我们持股待涨到达什么样的高位抛售，或空仓看跌到什么位置进场抄底，提高投资盈利，提供了非常有力的依据。

比如上海综合指数从1000点开始上涨，通常上涨到1382点左右（0.382处）就会有一定程度的回调，最大跌幅大约是上涨幅度的38%。然后又上涨，到1618点左右，就是黄金分割0.618附近，就会出现比较大幅度的回调，下跌幅度一般最小0.382，最大0.618。我们可以按照这个规律来决定卖出或是买进股票，争取最大的盈利和最大限度地回避下跌风险。

黄金分割率金律无处不在，这个金律可以让我们及早预见和发现一些事物的发展趋势或转折点，做到未雨绸缪，把事情做得接近完美。但切记，应用这一金律不要形而上学，完全套用。事实上它是一个近似值，是一个范围，只是这个范围比较精确而已。

第四节　约翰·法伯金律：方法和思路要与时俱进

做人要有自己的主见

很多人喜欢跟着前面人的路线走，这是"跟随者"习惯，这种"跟随者"最终会因为盲从而导致失败，这就是约翰·法伯金律。

法国心理学家约翰·法伯曾经做过一个著名的"毛毛虫实验"：在一个花盆边缘上放许多毛毛虫，让这些毛毛虫首尾相接，围成一圈，而在花盆周围不远的地方，撒一些毛毛虫最喜欢吃的松叶。

这些毛毛虫开始一个跟着一个，绕着花盆的边缘一圈一圈地走，一小时过去了，一天过去了，又一天过去了，这些毛毛虫没有任何改变，依然夜以继日地绕着花盆的边缘在转圈，一连走了七天七夜，最终，这些毛毛虫因为饥饿和精疲力竭而相继死去。

在做这个实验前，约翰·法伯曾设想：毛毛虫很快会厌倦这种毫无意义的绕圈，继而转向它们比较爱吃的那些食物。但遗憾的是，这种想法是错误的，毛毛虫并没有这样做，而是最终饿死。这种悲剧产生的根本原因在于毛毛虫习惯于固守原有的本能、习惯、先例和经验。毛毛虫既付出了生命，也没有得到任何成果。其实，如果有一个毛毛虫能够破除尾随习惯，而转去觅食，这种悲剧就完全可以避免。

自然界中，这一金律在许多比毛毛虫更高级的生物身上也发挥着作

人生金律

用，其中鲦鱼是比较典型的。鲦鱼因个体弱小而常常群居，并以强健者为首领。科学家将一只稍强的鲦鱼脑后控制行为部分割除后，此鱼便失去了自制力，行动也发生了紊乱，但这种现象并没有影响其他鲦鱼的行为，它们一如既往地盲目追随。

与时俱进地去创新

约翰·法伯金律同样也影响着人类。比如，在工作、学习和日常生活中，我们常常对那些"轻车熟路"的问题，下意识地重复一些现成的思考过程和行为方式，这就很容易让思想产生惯性，不由自主地依靠既有的经验，按固定思路去考虑问题，不愿意转个方向、换个角度想问题。

有一年，市场预测表明，该年度的苹果将供大于求。这使众多苹果供应商和营销商暗暗叫苦，他们似乎都已认定：他们必将承受损失！可就在大家为即将到来的损失而长吁短叹时，聪明的甲某却想出一个绝招！他想：如果在苹果上增加一个"祝福"的功能，即，只要能让苹果上出现表示喜庆与祝福的字样儿，如"喜"字或"福"字，就准能卖个好价钱！

于是，当苹果还长在树上的时候，他就把提前剪好的纸样贴在了苹果朝阳的一面，如"喜"、"福"、"吉"、"寿"等。果然，由于贴了纸的地方阳光照不到，苹果上也就留下了痕迹——比如贴的是"福"，苹果上也就有了清晰的"福"字了！这样的苹果的确很少见，这样的创意也的确领先于人，正因为他的苹果有了这种全新的祝福功能——而这又是别人所没有的，他果然在该年度的苹果大战中独领风骚。

转眼到了第二年，他的这一手别人都学会了，但仍然是他的苹果卖得最火，为什么？因为他的点子想得更绝，他的苹果上不仅仅仍然有"字"，而且还能鼓励青睐者"成系列地购买"。原来，他早已将他的苹果一袋袋装好，且袋子里那几个有字的苹果总能组成一句甜美的祝词，如"祝你寿比南山""祝你们爱情甜美""祝您中秋愉快""永远怀念你"等。人们再度慕名而至，纷纷买他的苹果作为礼品送人。

固有的思路和方法具有相对成熟性和稳定性，有积极的一面。因为是沿用前人的思路和方法，所以有助于人们进行类比，这样可以缩短和简化解决过程，让人们更加顺利和便捷地解决某些问题。但与此同时，其消极影响也是不容忽视的，这种固有思路容易使人们盲目地运用特定经验和习惯方法，对待一些貌似而神异的问题，结果不但浪费了时间和精力，还妨碍了问题的解决。而且经年累月地按照一种既定的模式去思考问题，不仅容易使人厌倦，更容易麻痹人的创造能力，影响潜能的发挥。

随着时代不断地变化和发展，我们也在不断地成长和发展，任何问题的解决办法我们都不能受限于以往的僵化模式，而是要不断地创新并与时俱进，从而能够适应时代的变化以及自身发展的需求。当生活和工作遭遇挫折或陷入停顿的时候，我们不能再像毛毛虫那样做毫无意义的努力，而应该转变思路并善于另辟蹊径，以便更有技巧、更有效率地工作，从而达到事半功倍的效果。

第五节　从众金律：盲目跟风只会迷失自己

从众金律也称乐队花车金律，指的是当个体受到群体影响、引导或施加的压力的时候，就会开始怀疑并改变自己的观点、判断和行为，朝着和大多数人一致的方向变化。也就是指：个体受到群体的影响而怀疑、改变自己的观点、判断和行为等，以和他人保持一致。也就是人们通常所说的"随大流"。

不要被主流意识所迷惑

对从众金律所进行的研究实验中，最为经典的莫过于"阿希实验"。

1952年，美国心理学家所罗门·阿希做了一个实验，来研究人们会在多大程度上受到他人的影响，而违心地做出明显错误的判断。他请大学生们自愿申请做他的被试者，告诉他们这个实验的目的是研究人的视觉情况。当某个来参加实验的大学生走进实验室时，他发现已经有5个人先坐在那里了，他只能坐在第6个位置上。事实上他不知道，其他5个人是跟阿希串通好了的假被试者（即所谓的"托儿"）。

阿希要大家做一个非常容易的判断：比较线段的长度。他拿出一张画有一条竖线的卡片，然后让大家比较这条线和另一张卡片上的3条线中的哪一条线等长。判断共进行了18次。事实上这些线条的长短差异很明显，正常人很容易做出正确的判断。

然而，在两次正常判断之后，5个假被试者故意异口同声地说出一个错误的答案。于是真被试的那个大学生开始迷惑了，他是坚定地相信自己的眼力呢，还是说出一个和他人一样，但自己心里认为不正确的答案呢？

从总体结果看，平均有33%的人判断是从众的，有76%的人至少做了一次从众的判断，而在正常的情况下，人们判断错的可能性还不到1%。当然，还有24%的人一直没有从众，他们按照自己的正确判断来回答。

生活中，从众金律发生在每个人的身上，大家都有不同程度的从众倾向，总是倾向或跟随大多数人的想法或态度，以证明自己并不孤立。

经过研究发现，影响从众现象发生的最重要的一个因素是持某种意见人数的多少，"人多"本身就是说服力的最好依据，很少有人能够在众口一词的情况下还坚持自己的不同意见。

假如你是一位站在十字路口上的行人，这时红灯亮了，但路面上并没有来往车辆行驶。这时候，有一人不顾红灯的警示而穿越马路，接着两人、三人……人们便蜂拥而过，这时的你会怎样做呢？还留在原地，不但别人会说你"傻"，恐怕连你自己也会这样认为。于是，你就会跟随人流穿越马路，这种现象就被称为从众现象。

摆脱从众金律的束缚

一件事情不论好坏，只要有人敢做，其他的人便会蜂拥而至。俗语说："一人胆小如鼠，二人气壮如牛，三人胆大包天"，反正人多，谁怕谁？于是生活中，许多现象由于众人的参与而被披上合理的外衣，譬如随地吐痰、随意跨护栏……

从众现象的另一个决定因素是压力。一个团体内，无论谁做出与众不同的行为，往往都会招致"背叛"的嫌疑，会被其他成员孤立，甚至受到严厉的错误惩罚，因此，团体内成员的行为往往会保持高度的一致性。

如果只是一味地盲目从众，那将会扼杀一个人的积极性和创造力。是否能够减少盲从行为，运用自己的理性判断是非并坚持自己的判断，是成功者与失败者的区别。也许大多数人都认为从众行为扼杀了个人的独立意识和判断力，是有百害而无一利的。实际上，对待从众金律要辩证地去看。

特定条件下，如果无法收集到足够的信息以确保信息的准确性，那么从众行为是在所难免的。通过模仿他人的行为来选择策略并非完全不可取，甚至有时模仿策略还可以有效地避免风险和取得进步。但从众行为往往缺少目的性，通过这种缺乏目标的"随大流"来取得成功，无疑是异想天开的想法，只有摆脱从众金律的束缚，才能在事业上取得进步，才能取得更大的成功。

第六节　印刻金律：事情也会 "三岁定八十"

人类对堪称"第一"的事物都具有天生的兴趣并有着极强的记忆能力。不经意地你就能列出许许多多的第一，如世界第一高峰，中国第一个皇帝，美国第一个总统，第一个登上月球的人等，可是紧随其后的第二呢？你可能就说不上几个。人们几乎只承认第一，无视第二，这就是印刻金律。

印刻金律的影响

1910年，德国行为学家海因罗特在实验中发现一个十分有趣的现象：刚刚破壳而出的小鹅，会本能地跟随在它第一眼见到的自己的母亲后面。但是，如果它第一眼见到的不是自己的母亲，而是其他活动物体，如一只狗、一只猫或者一只玩具鹅，它也会自动地跟随其后。尤为重要的是，一旦这只小鹅形成了对某个物体的跟随反应后，它就不可能再形成对其他物体的跟随反应了。这种跟随反应的形成是不可逆的，也就是说小鹅承认第一，却无视第二。这种行为后来被另一位德国行为学家洛伦兹称之为"印刻金律"。

"印刻金律"现象，不又存在于低等动物之中，而且同样存在于人类社会中。比如，婴儿对电视就能产生一种负面的印刻金律。一个婴儿在耳朵基本上能听到声音，眼睛也能看见东西的情况下，如果每天给婴儿看五六个小时的电视，那么到了两三岁的时候，孩子通常会有以下的表现：喜欢电视中的音乐，对母亲声音的反应迟钝，不能专心注视母亲的视线，无法安静，对事物不敏感等。即使母亲给孩子耐心地讲或唱，孩子也会兴致索然，无动于衷。这些表现，说明孩子已经对电视产生了"印刻金律"。如果不及时地纠正，就很容易出现更加严重的心理障碍。

尽力把事情做到极致

美国管理大师杰克·韦尔奇就深谙"印刻金律"之道，并将之再现于企业经营之中。韦尔奇在上任的第一次年会上，就提出了"要做第一，只要不是第一，第二的部门就关门！"他还告诉员工：你愿意在第一流的公司工作，还是在不入流的公司鬼混？他宁可把这些失去竞争力的部门卖给对手，也不愿意留在通用公司苟延残喘。对于韦尔奇来说，通用电气要是不能做第一或者第二，还不如让员工选择到其他第一、第二的公司工作。由于韦尔奇坚定的领导信念，通用电气在20世纪最后20年里，在世界经济不景气的严峻形势下，成为美国最成功的企业。

有人计算过，在市场上最先进入消费者心里的商品品牌，比第二位的品牌同期市场占有率要多一倍以上，而第二位的占有率又比第三位多一倍以上，显然"第一"所建立的地位具有巨大的优势。

"脑白金"总裁史玉柱曾多次在营销会议上强调的"史玉柱营销法则"的第一法则就是"做一个产品必须要做第一品牌，否则很难长久，很难做得好，不做第一就不能真正获得成功"。为了当第一，"脑白金"在送礼广告上投入巨额广告费。所以每到过年过节，脑白金的"收礼只收脑白金"就会看得电视观众反胃。因为播出太多，又总是简单重复，令人很反感，曾被公认为最缺乏创意的恶俗广告之首，但它却是推动销售最好的广告，留给人的印象特别深刻，很多人因此记住了脑白金。虽然每闻广告必皱眉头，但当自己购买保健礼品时，消费者不自觉地就会想起"今年过节不收礼，收礼只收脑白金"。脑白金以礼品定位稳居保健

人生金律

品头把交椅，在春节、中秋等送礼旺季尤为火爆。

宁做鸡头，不做凤尾。与其活在别人的阴影下，不如去另辟天地。当然这要看个人的能力而定，你如果没有强烈的开拓能力或仍处于学步阶段，那就跟在别人后边吧，至少风险小些。

第七节　白德巴金律：管好自己的舌头

约束自己的嘴巴

白德巴金律是由印度古代哲学家白德巴提出的，指的是人们最好的美德就是能管住自己的舌头。当然，善于约束自己嘴巴的人，会在行动上得到最大的自由。

一只见识广阔、满腹经纶、在社会上颇有地位的狐狸住在一个森林里，它熟读理论，常常以专家自居，喜欢滔滔不绝地发表长篇大论。

一天，这只狐狸外出的时候，遇上一只从森林外边来的小花猫。在笑闹趣谈中，小花猫被狐狸的学问征服了，非常仰慕"才高八斗"的狐狸，因此便虚心请教。

小花猫问道："尊敬的狐狸先生，最近的生活困难，您是怎样度过的？"

狐狸生气地说："什么？你这只可怜的花猫，每天只会捉老鼠，你有什么资格问我如何生活！真不识抬举！你学过什么本领？说来听听！"

小花猫很谦虚地说："我只学过并学会一种本事。"

"什么本事？"

"现在如果有只狼狗向我扑来，我就会跳到树上逃生。"

狐狸很不屑地说："唉，这算是什么本领啊？我可是精读百科全书，掌握上百种武术，我还有满袋的锦囊妙计呢！你太可怜了！让我教你点绝招，逃脱狼狗的追逐吧！"说着狐狸就想从口袋中寻找锦囊妙计。

这时一群猎人恰巧路过，带了四只猎狗迎面而来。小花猫敏捷地一纵身跳上一棵树，躲藏在茂密的树叶中。小花猫大声向正在惊慌得不知所措的狐狸说："狐狸先生，赶快解开你的锦囊，拿出脱身妙计来！"话音刚落，四只猎狗已扑向狐狸，抓住了它。

小花猫叹息道："唉，狐狸先生，十八般武艺你都有，却不会使一招半式，如果像我一样懂得爬上树来，你就不会落到这种凄凉的下场了！"

挑剔他人不如完善自己

著名的企业家松下幸之助提出，善于欣赏别人的所作所为的人是高明的，他们懂得管好自己的舌头，而不是去挑剔、斥责下属的缺点。

挑剔他人不如完善自己

松下幸之助说："经营者或经营干部，绝不能自炫才能智慧，要知道，个人的才能、智慧是有限度的。根据我多年的经验，有些人喜欢赞扬部属的优点，有些人喜欢挑剔缺点，比较之下，往往前者的工作推行都较顺利，业绩也不会太差。那些爱挑剔毛病的上司结果正好相反。所以唯有懂得欣赏别人的长处，才能领导更多的人。当然，我不是说只注意部属的优点，而忽略他的缺点。应该适度地指出其缺点，从四分缺点、六分优点的角度去观察，这样才是一个懂得欣赏部属的上司。应该假定每个人都有60%的优点，40%的缺点。如果反过来，假定部下有60%的缺点，而只有40%的优点，这个人显然不是个好上司。起用某个人，只有充分信任他的时候，他才会一心一意为企业卖命。如果总觉得员工这里不行，那里不行，以鸡蛋里兆骨头的态度来观察部属，不但部属不好做事，久而久之，他会发现周围没有一个可用的人。所以，当他想要派任务时，一定觉得不放心而犹豫不决。"

松下电器有一个传统就是不唯命是从。松下说："员工不应该因为上级命令了，或希望大家如何做，就盲目附和，唯命是从。"他认为，下属或员工完全这样做了，就会使公司的经营失去弹性。

作为团队领导者，管好自己的嘴和手，少插话，少插手，适当控制自己发表演说和多管"闲事"的欲望，这样才能让下属有更多参与的机会和更大的发挥空间。

第八节　肥皂水金律：将批评夹在赞美中

将批评夹在赞美中

肥皂水金律是指将批评夹在赞美中。在批评他人的时候，不妨把批评夹裹在前后肯定的话语之中，减少批评的负面金律，这样会使被批评者愉快地接受你的批评。以赞美的形式巧妙地进行批评，以看似简捷的方式达到直接的目的。

这一金律是美国总统柯立芝提出的。1923年，柯立芝当选为美国总统，他有一位漂亮的女秘书，人虽然长得很好，但工作却经常因粗心而出错。一天早晨，柯立芝看见秘书走进办公室，就对她说："今天你穿的这身衣服真漂亮，正适合你这样漂亮的小姐。"这句话出自柯立芝口中，简直让女秘书受宠若惊。柯立芝接着说："但也不要骄傲，我相信你同样能把公文处理得像你一样漂亮的。"果然从那天开始，女秘书在处理公文时就很少出错了。

肥皂水金律在生活中运用得很普遍，例如，在理发店刮胡子的时候用肥皂水，或者用刮胡子专用的泡沫，为什么呢？细想一下，如果不用肥皂水，想必胡子很难刮下来，也很疼。再如：戒指卡在手指上，如果擦点润肤膏或者用香皂揉出泡沫，戒指一下子就能摘掉了。同样，如果一个人很难沟通，先给他戴个高帽子，再与之沟通就顺多了。

麦金利的方法

麦金利在1856年竞选总统时，就运用了肥皂水金律。共和党一位重要党员绞尽脑汁，撰写了一篇演讲稿，他觉得自己写得非常成功。他很高兴的在麦金利面前，先把这篇演讲稿朗诵了一遍——他认为这是他的不朽之作。麦金利听了以后认为这篇演讲稿虽然有可取之处，但并不尽善尽美，并不适合现在发表出去，甚至可能会引起一场批评的风波。但麦金利又不愿辜负他的一番热忱，可是，他又不能不说这个"不"字，现在看他如何应付这个场面。

麦金利这样说："我的朋友，这真是一篇少有的精彩绝伦的演讲稿，我相信再也不会有人比你写得更好了。就许多场合来讲，这确实是一篇非常适用的演讲稿，可是，如果在某种特殊的场合，是不是也很适用呢？从你的立场来讲，那是非常合适、慎重的；可是我必须从党的立场，来考虑这份演讲稿发表所产生的影响。现在你回家去，按照我所提出的那几点，再撰写一篇，并送一份给我。"

他果然那样做了，麦金利用蓝笔把他的第二次草稿再加以修改，结果那位党员在那次竞选活动中，成为最得力的助选员。

批评是进步的明灯，因为有批评才有进步。俗语说得好：人非圣贤，孰能无过？圣贤都会有过错，何况我们这些凡人呢！而有了过错，就得有人来指正，这样才会有进步。但是赞美要看时机，批评要靠技巧。我们不要用恶语中伤他人，劝告他人时，如果能态度诚恳，语出谨慎，那我们将会得到更多的友谊，为我们的人缘加分。

第九节　反馈金律：批评和鼓励是一对孪生兄弟

反馈金律是物理学中的一个概念，是指把放大器的输出电路中一部分能量送回输入电路中，以增强或减弱输入讯号的金律。这个概念用到现实生活中，是指及时地对活动结果进行评价，能强化活动动机，对学习和工作起到促进作用。

及时反馈也是一种激励

下面是心理学家赫洛克做过的一个著名的反馈金律心理实验：

赫洛克把被试者分成4个等组，在4个不同诱因的情况下去完成任务。第一组是激励组，每次工作后都给予鼓励和表扬；第二组是受训组，每次工作后对存在的问题都要严加批评和训斥；第三组是被忽视组，每次工作后不给予任何的评价，只让其静静地听其他两组受表扬和挨批评；第四组是控制组，让他们和前三组隔离，而且每次工作后也不给予任何评价。

实验结果表明：成绩最差的为第四组，激励组和受训组的成绩则明显优于被忽视组,而激励组的成绩不断地上升,学习积极性也高于受训组,受训组的成绩有一定的波动。这个实验表明:及时对学习和活动结果进行评价,能够强化学习和活动动机,对工作起到促进作用。适当激励的效果明显优于批评,而批评的效果比不闻不问效果好。

生活中,有反馈比没有反馈的学习效果要好得多。而且,即时反馈比远时反馈所产生的效果更好。

松下幸之助和厨师

素有"经营之神"称号的日本松下电器总裁松下幸之助有一次在一家餐厅招待客人,一行6个人都点了牛排。等6个人都吃完主餐的时候,松下让助理去请烹调牛排的主厨过来,他还特别强调:"不要找经理,找主厨。"助理注意到,松下的牛排只吃了一半,心想一会儿的场面可能会很尴尬。

主厨来的时候很紧张,因为他知道叫他的客人是大名鼎鼎的松下先生,他紧张地问道:"是不是牛排有什么问题?"

松下略带歉疚地说:"牛排很美味,但是我只能吃一半,原因不在于厨艺,牛排真的很好吃,你是位非常出色的厨师,但我已经80岁了,胃口大不如以前了。"

主厨和在场的其他人都困惑得面面相觑,松下接着说:"我想当面和你说,是因为我担心,当你看到只吃了一半的牛排被送回厨房的时候,心里会难过。"

在这里,松下幸之助所运用的就是反馈金律,而且很好地掌握了反馈的平衡技巧。

反馈金律提醒我们,有效的反馈机制是活动目标达成的必要条件,对于别人的活动必须及时地反馈。在反馈的时候,要正确运用鼓励和批评两者不能偏颇。鼓励很重要,但不能夸大其词。对于错误问题的批评要及时、慎重，不能讥笑和嘲讽。要使鼓励和批评收到实际效果，关键是理解和尊重，凭敏锐的感觉和沟通的智慧对症下药。

第十节　思维定式金律：成也定式，败也定式

思维定式金律是指人们的认识局限于既有的信息或认识的现象。人们在一定环境中工作和生活，久而久之就会形成一种固定的思维模式，使人们习惯于从固定的角度去观察、思考事物，并以固定的方式来接受和处理事物。

美国的心理学家迈克曾经做过这样一个实验：他从天花板上悬下两根绳子，两根绳子之间的距离超过了人的两臂长，如果你用一只手抓住一根绳子，那么另外一只手无论如何也抓不到另一根。这种情况下，他要求一个人把两根绳子系在一起。不过他在离绳子不远的地方放了一个滑轮，意图是想给系绳的人以帮助。然而尽管系绳子的人早就看到了这个滑轮，却没有想到它的用处，更没有想到滑轮会与系绳活动有关，结果没有完成任务。

其实，这个问题很简单。如果系绳子的人将滑轮系到一根绳子的末端，用力使它荡起来，然后抓住另一根绳子末端，待滑轮荡到他面前时抓住它，就能够把两根绳子系到一起，问题就会解决。

愚笨的阿西莫夫

定式有时候有助于问题的解决，有时候会妨碍问题的解决。

美国的科普作家阿西莫夫从小就很聪明，年轻的时候多次参加"智

商测试"，得分总在 160 分左右，属于"天赋极高者"，他一直为此而得意。

有一次，他遇到了一位汽车修理工，是他的老熟人。修理工对阿西莫夫说："嗨，博士！我来考考你的智力，出一道思考题，看你能不能正确回答出来。"

阿西莫夫点头同意。修理工便开始说出思考题："有一位既聋又哑的人，想买几根钉子，来到五金商店，对售货员做出了这样一个手势：左手两个指头立在柜台上，右手的拳头做出敲击的样子。售货员见状，先给他拿来一把锤子。聋哑人摇摇头，指了指立着的那两根手指头。售货员于是明白了，聋哑人想买的是钉子。聋哑人买好钉子，刚走出商店，接着进来一位盲人。这位盲人想买一把剪刀，请问：盲人将会怎样做？"

阿西莫夫顺口答道："盲人肯定会这样。"说着，伸出食指和中指，做出了剪刀形状。汽车修理工一听笑道："哈哈，你答错了吧！盲人想买剪刀，只需要开口说'我买剪刀'就行了，干吗还要做手势呀？"

智商 160 的阿西莫夫，这时不得不承认自己确实是一个"笨蛋"。而那位汽车修理工人却得理不饶人，用教训的口吻说："在考你之前，我就料定你肯定要答错，因为，你所受的教育太多了，不可能很聪明的。"

实际上，并不是因为学的知识多了，人反而变笨了，而是因为人的知识和经验多，会在头脑中形成较多的定式思维。这种思维定式会束缚人的思维，从而使思维按照固有的路径展开。

要善于打破固定思维

思维定式金律经常会在生活中出现，譬如有这样一个问题：一位公安局长在路边和一位老人谈话，这时跑过来一位小孩，急促地对公安局长说："你爸爸和我爸爸吵起来了！"老人便问："这孩子是你什么人？"公安局长说："是我的儿子。"请回答：这两个吵架的人和公安局长是什么关系呢？

这个问题，100名被试者中只有两个人答对！后来对一个三口之家问这个问题，父母没答对，孩子却很快答了出来："局长是个女的，吵架的那人是局长的丈夫，也就是孩子的爸爸；另一个是局长的爸爸，也就是孩子的外公。"为什么那么多的成年人对如此简单的问题的解答反而不如孩子呢？这就是定式金律：按照成人经验，公安局长应该是个男的，从男局长这个心理定式再推想，自然是找不到答案的。而小孩子就没有这方面的经验，也就没有所谓的心理定式限制，因而一下子就能找到正确答案。人的思维空间是无限的，像曲别针一样，至少有亿万种可能。也许我们正被困在一个看似走投无路的境地，也许我们正围于一种两难选择之间，这时一定要明白，这种境遇只是由我们固执的定式思维而导致的，只要勇于重新考虑，一定能够找到不止一条逃出困境的路。

第十一节 酝酿金律：踏破铁鞋无觅处，得来全不费工夫

在解决问题的过程中，常常很久都找不到解决问题的方法，于是思维陷入了困境。但如果暂时把难题放在一边，放上一段时间，我们便会突然发现满意的答案就在我们的身边，心理学家将其称为"酝酿金律"。

聪明的阿基米德

古希腊时，国王命工匠为自己做了一项纯金的王冠，但他又怀疑工匠在王冠中掺了银子。但从重量上看，这项王冠与当初交给金匠的一样重，谁也不知道金匠到底有没有捣鬼。于是国王叫来阿基米德，把这个难题交给了他。阿基米德为了解决这个问题而冥思苦想，起初他尝试了很多办法，但都失败了。有一天他去洗澡，坐进澡盆，看到水往外溢，同时感觉身体被轻轻地托起，他突然间恍然大悟，运用浮力原理解决了王冠的问题。阿基米德发现的浮力现象就是酝酿金律的体现。

日常生活中，我们常常会对一个难题束手无策，不知该从何入手，这时我们的思维就进入了"酝酿阶段"。而当我们抛开面前的问题去做其他事情的时候，百思不得其解的答案会突然出现在我们面前，令我们忍不住发出类似阿基米德的惊叹，这时，"酝酿金律"就绽开了"思维之花"，结出了"答案之果"。

给自己酝酿的时间

心理学家认为，在酝酿过程中，存在着潜在意识层面推理，储存在记忆里的相关信息在潜意识里组合。我们之所以在休息时会突然找到答案，是因为个体消除了前期的心理紧张，忘记了个体之前不正确的、导致僵局的思路，而重新具有创造性的思维。

如果你面临一个难题，不妨先把它放在一边，去和朋友散步、喝茶，或许答案真的会"踏破铁鞋无觅处，得来全不费工夫"。

第十二节 旁观者金律：打破"三个和尚没水吃"的困局

一个人敷衍了事，两个人互相推诿，三个人则永无成事之日。这就是旁观者金律。

与人要相互推动，不要相互抵触

人们之间的合作不是简单的人力相加，而是比这更加复杂和微妙得多。譬如，在人们合作之中，每个人的能力都是 1，那么 10 个人的合作结果就很有可能要比 10 大得多，也有可能比 1 还要小。为什么这样说呢？因为人不是静止的生物，人是有着高级的不同思想的生物，人与人相互推动的时候自然就会事半功倍，但如果相互抵触的话，那将一事无成。

我们可以从一个实际例子来看旁观者金律在生活中的体现：

一个小孩不小心掉进河里，旁观者甲本来是想下水救人的，但又有些犹豫，他观察周围，看目击者乙、丙等人的反应。心想："这么多人都看到小孩落水，总会有几个人下去救的，自己就不下去了吧。"就在旁观者甲犹豫的时候，落水的小孩被水吞没了。因为没有一个人下水救援，此时，旁观者甲的内心不禁有些内疚。转念再一想，这里还有那么多人，即使要责怪，要内疚，要负责任，也是和其他数十个人共同分担，没什么大不了的。于是，他离开了。

于是，一桩桩旁观者众多却"见死不救"的事件便发生了。

其实产生这种现象的原因之一，就是"旁观者金律"，与人们认为的世态炎凉、人心不古之类的社会氛围或看客的冷漠等集体性格缺陷没有太大的关系。如果把解救小孩落水当成旁观者的一次合作，那么合作失败的最根本原因就在于"旁观者金律"，众多的旁观者分散了每个人应该负有的解救责任。因此，社会学家认为责任不清是旁观者金律产生的最主要原因。

团队合作与个人分工要明确进行

我们认真地观察螃蟹的行为，一个篓子里放一群螃蟹，你会发现根本不必盖上盖子，因为螃蟹是爬不出来的。当其中一只螃蟹想往上爬时，其他的螃蟹就会将它拉下来，这就导致整篓子的螃蟹没有一只能够爬出去。这是典型的旁观者金律现象，有点类似于中国"一个和尚挑水吃，两个和尚抬水吃，三个和尚没水吃"的故事。

究竟该怎样才能打破"三个和尚没水吃"的困局呢？我们在此介绍三种办法：

1. 三个和尚轮流去挑水，吃水的问题迎刃而解。

2. 三个和尚分工负责，你挑水，我砍柴，他做饭，每人明确责任，同时又分工合作，这样，不仅解决吃水问题，而且还建立了新的吃水流程。

3. 建立一种激励的制度，谁主动承担挑水的任务，就是对寺里做出重大贡献，在物质分配、职务晋升等方面将得到优先考虑，如果挑水成绩显著，给予重奖。这样，吃水的问题也不再是问题，并且寺庙的管理还会提高到一个新水平。

旁观者金律告诉我们两点：一是团结合作的重要性，缺乏团队协作只会使得团队进度缓慢，甚至整个项目失败；第二要明确个人的职责和分工，并且要增强沟通与协调，这样才能使效率提升，事半功倍。

第3章

己欲达而达人——人际交往金律

多方位解读日常生活中的人际交往行为规则，全方面探索人际交往中的心理制胜策略，重新检视自己的成败与得失。这样，才能改变自己，提升自己，完善自己的人生。

第一节　首因金律：路遥知马力，日久见人心

首因金律，也被称为第一印象作用，或先入为主金律。首因金律是指个体在社会认知过程中，第一印象作用最强，持续的时间也很长，它比以后得到的信息对于事物的印象影响要大。

给别人留下良好的第一印象

美国心理学家洛钦斯于 1957 年首次采用实验的方法对这一金律进行研究。洛钦斯设计了四篇不同的短文，分别描写了一位名叫杰姆的人。第一篇文章整篇都把杰姆描述成一个开朗而友好的人；第二篇文章前半段把杰姆描述得热情友好，而后半段则描述得孤僻且不友好；第三篇与第二篇相反，前半段说杰姆的孤僻不友好，后半段却说他的热情友好；第四篇文章全篇将杰姆描述得孤僻而不友好。洛钦斯请四个组的被试者分别读这四篇文章，然后在一个量表上评估杰姆的为人到底友好还是不友好。结果表明，篇幅的前后是至关重要的，开朗友好在先，评估为他是友好者占 78%，在后，则降至 18%，首因金律表现得极为明显。

在结交朋友的时候，第一印象总是十分重要，可是你千万不要把第一印象变成对朋友挥之不去的"终影"。

第一印象的利和弊

一个新闻系的毕业生到报社找工作。

"你们需要一个编辑吗？"他对总编说。

"不需要！"

"那么记者呢？"

"不需要！"

"那么营销人员、排版人员、校对呢？"

"不，我们现在什么空缺都没有了。"

"那么，你们一定需要这个东西。"说着他从包中拿出一块精致的小牌子，上面写着"额满，暂不雇用"。

总编看了看牌子，微笑着点了点头，说："如果你愿意，可以到我们的广告部工作。"这个大学生通过自己制作的牌子表达了自己的机智和乐观，给总编留下了深刻的"第一印象"，从而为自己赢得了一份工作。这就是"第一印象"的奇妙作用。

比尔走进公关经理室就对副经理戴伊颇有好感，他干脆利落的工作作风，风度翩翩的仪表，尤其是对比尔十分热情，当他抬头打量比尔的时候，主动打招呼："嗨！小伙子，你好，请坐。"随后带着他熟悉了公司的各个部门，还重点介绍了室内情况，比尔对此感恩不尽，认为戴伊是个很讲义气的朋友。而另一室的工程师劳德鲁普脸色阴沉沉地，手里正忙着设计，只是抬抬头连声招呼也没打，比尔在心里给劳德鲁普下的定义是"呆板、不热情，肯定是个冷血动物"。

此后，比尔碰上任何事就以此为"标准"进行衡量了。过了不久，戴伊利用比尔的信任和年轻，让他在众人面前跌了一个大跟头。比尔后悔莫及，为什么要为戴伊卖命。而为他挽回损失与声誉的，恰恰是工程师劳德鲁普，他揭穿了戴伊的诡计，为比尔洗刷了不白之冤。比尔之后痛责自己，不该让印象"先入为主"，以表面的好恶来取舍朋友，直到那善于伪装的"朋友"把自己推入陷阱，但此时后悔已经迟了。

"知人知面不知心，画人画虎难画骨"，每个人背后的"目的性"大多一时难以认清，所以还是以静观动为好，俗话说"路遥知马力，日久见真心"。否则，过早地以表面印象取舍，下结论，会使你结交下"地雷式"的朋友，酿成灾祸，也会使你错过真诚的朋友，遗憾终生。

首因金律在人们的交往中起着非常微妙的作用。它告诉我们：第一印象是难以改变的。因此在日常交往的过程中，尤其是和别人初次交往的时候，一定要注意给别人留下美好的印象。要做到这一点，第一，要注重仪表风度；第二，要注意言谈举止，言辞幽默，不卑不亢，举止优雅，定会给人留下深刻而美好的印象。

第二节　150人金律：勿忘初心，方得始终

150人金律是指我们每个人与人交往的人数大约是150人。人们在正好认识150人时，效率最高。认识多于或少于150人时，效率都会降低。多于150人时，会不能进行有效的交流，少于150人时，人会感到孤独。

不做生活中孤独的旅行者

人类学家罗宾·丹巴研究了各种不同形态的原始社会，发现在那些村落中，人大约都在150名左右，人们把他的研究理论称之为"150人金律"。现在我们许多人都远离村庄生活，但是却没有脱离这个概念：罗宾让一些居住在大都市的人们列出一张与其交往的所有人的名单，结果他们名单上的人数大约都在150名左右。

许多人把生活视为一种长途旅行。他们在途中只选择自己需要的人和事，这其中包括朋友、家庭和事业。这是一种狭隘的、自私的、势利的生活观念，这也是这些人在工作称心、变得富有后还是感到不幸福的原因。生活中，其实你不是一名孤独的旅行者，而是你自己村落的首领：你对村落生活的方方面面都要负责，一份好工作会帮助你这个村落的"经济发展"，同时你也要注意这个村落的文化生活与社会关系的和谐。不能让你的村落虽然富饶，但大家都忙于工作不和邻人交往，让你的村落冷冷清清，空空荡荡，没有一点人气。

与人为善去赢得对方的好感

150人金律还告诉我们，每一人身后大致有150名亲朋好友。如果你赢得了一个人的好感，就意味着赢得了150个人的好感。反之，如果你得罪了一个人，也就意味着得罪了150个人。在生活中，接触不同的人，要与人为善，赢得对方的好感，从而快速积累人脉资源，扩大人脉关系网。

许多人认为幸福是在竞争中获胜，胜者得到好的工作、美满的家庭和大把的钞票，败者就该沦为不幸。150人金律告诉我们，不能简单地依据人们的工作种类或者赚钱的多少来评判一个人成功、幸福与否，良好的人际关系才会带给你真正的幸福生活。

第三节　新颖金律：君子本色，
表里如一

新颖金律的表现

近因金律和首因金律相反，指的是在多种刺激同时出现的时候，印象的形成主要取决于后来出现的刺激，即交往过程中，我们对他人最近、最新的认识占主体地位，掩盖了以往形成的对他人的评价，因此，这也被称为"新颖金律"。

心理学家洛钦斯同样做了这样一个实验。分别向两组被试者介绍一个人的性格和特点。对甲组先介绍这个人的外向特点，然后介绍内向特点。对乙组则相反，先介绍内向特点，后介绍外向特点。最后考察这两组被试者留下的印象。结果首因金律起的作用很大。洛钦斯把上述实验方式做了改变，在向两组被试者介绍完第一部分后，插入其他作业，如做一些数字演算、听历史故事等不相干的事，之后再介绍第二部分。实验结果表明，两个组的被试者，都是第二部分的材料留下的印象深刻，新颖金律明显体现。

新颖金律指在总体印象形成的过程中，新近获得的信息比原来获得的信息影响更大。研究发现，新颖金律一般不如首因金律明显和普遍。在印象形成的过程中，当不断有足够引人注意的新信息，或者原来的印象已经淡忘的时候，新近获得的信息作用就会比较大，就会发生新颖金律。个性特点也影响新颖金律或首因金律的发生。一般心理上开放、灵活的人容易受新颖金律的影响，而心理上具有稳定倾向的人，容易受首因金律的影响。

多年不见的朋友，在自己脑海中留下的最深刻的印象，其实就是临别时的情景；一个朋友总是让你生气，可是谈起生气的原因，大概只能说上两三条，这也是一种新颖金律的表现。在人际交往过程中，这种现象很常见。

警惕员性新颖金律

在人与人的交往过程中，交往初期，大家都还很生疏时，首因金律的影响重要。而在交往的后期，就是在彼此已经相当熟悉的时候，新颖金律的影响逐步加大。

现实生活中，近因金律的心理现象普遍存在。张林与李萌是小学的同学也是好朋友，双方非常了解，可是近一段时间，李萌因家中闹矛盾，心情十分不快，对张林动不动就发火，而且由于一个偶然的因素影响，两人闹起了误会。张林因此而认为李萌过去一直都在欺骗自己，于是与他断绝了友谊。其实这就是新颖金律在起副作用。

在人际交往中，特别要警惕朋友之间的负性新颖金律，在你感到自己受屈、善意被误解的时候，情绪多为激情状态。在激情状态下，人们对自己的行为控制能力和对周围事物的理解能力，都会有一定程度的降低，容易说出错话，做出錯事，产生不良的后果。因此，凡事在先，须加忍让，防止激化，待心平气和时，彼此再理论，才能明辨是非。

第四节　厚脸皮金律：每个人都需要被尊重

厚脸皮金律是指人由于后天长期得不到别人的尊重，久而久之，其羞耻感会逐渐降低，变得对别人的不尊重行为习以为常。其实，脸皮就像手心的肉，如果经常磨它，它就容易形成茧子，以后再磨下去，感觉也就不敏感了。

不让厚脸皮成为习惯

心理学告诉我们，每个人天生都是有自尊和羞耻感的。即便是婴儿，从 6 个月大的时候，也能识别"好脸""坏脸"。大人逗他笑，给他好脸，他会笑；大人横眉竖眼，大声吆喝，他马上会哭。可见人都有自尊，一个人只有得到别人的尊重，他才会有羞耻感。

厚脸皮金律广泛表现在孩子的教育问题上。无论是父母，还是老师，如果对孩子不是以鼓励为主，而是无视孩子的自尊，动辄就当众辱骂、训斥，日久天长，孩子的心灵就会受到伤害，留下心理阴影，因此就会视辱骂、训斥为"家常便饭"，不再脸红，不再害羞，也就变成了"厚脸皮"的人。那时候，你再想教育他，也不像先前那么容易了。在学校里，我们会发现，经常挨批评的孩子反而经常犯错，甚至屡教不改。而那些极少受批评的学生，受到了一次批评后，会难为情、内疚好几天，从而不再犯类似的错误。

厚脸皮金律同样表现在企业管理中。比如，一位员工不小心犯了错误，领导当着全公司所有人的面对他严厉指责，而且领导见他一次说他一次，同事也一直在他耳边提醒他，导致他颜面尽失，工作起来诚惶诚恐，不断地出错。后来，他对自己也无所谓了，领导的警告成了耳旁风，同事们的善意提醒对他来说也成了家常便饭。试想，如果领导能够顾及他的面子，同事们能够尊重他，不经常揭他的短，而是给予他理解和信任，他在吸取教训后努力工作，就可能成为一个优秀的员工，而不是一个厚脸皮的人。

注意厚脸皮金律的影响

同样，人和人之间的相互指责也要小心厚脸皮金律的影响。恋爱的男女在刚谈恋爱时，情人眼里出西施，看到的都是对方的优点。一旦步入婚姻的殿堂，日子不像以前那么浪漫了，取而代之是油盐酱醋的琐事，于是动辄为一点小事吵架，后来甚至升级为大吵大闹，都觉得对方的变化真大啊，已经不是以前那个自己深爱的人了。

其实这样的恶性循环之所以出现，就是因为两个人之间缺少足够的耐心和理解对方的心胸，他们没有发现交流的艺术，不知道沟通的重要性。最后俩人潜意识里都抱着破罐子破摔的想法，反正他（她）也不珍惜，根本就不用做出一副谦谦君子或是温婉贤淑的样子。于是脸皮越来越厚，对交流、沟通中的障碍越来越满不在乎。

厚脸皮金律告诉我们，在日常生活中，要学会尊重身边的每一个人。只有自己先尊重了他人，才会赢得他人更多的尊重，才能避免厚脸皮金律带来的消极影响。

第五节　攀比金律：不要用别人的标准来要求自己

攀比金律是指一项产品、服务或身份开始比较容易获得，逐渐形成一种趋势，这时，虽然这些东西对个人不一定很有用，但人们仍会纷纷购买。这些东西一旦推广到某个爆发点，则会更加快速地发展。

攀比是不自信的表现

攀比心理产生大概有以下的原因：

受教育经历以及家庭背景的影响：父母的思维习惯往往在很大程度上造成对孩子的影响，如果父母喜欢和其他人比较，并且时常抱怨自己过得不好，那么孩子在多数时候会出现这样的行为习惯。此外，受教育的程度也是一方面原因，通常知识储备越丰富的个体看待事物的角度会更加丰富，也就能够更好地从整体上把握自己的人生。

嫉妒心作祟：嫉妒心强的人往往喜欢和其他人进行比较，甚至在行为上表现出令人不齿的行径。

贪婪、不满足：欲望虽然可以使人进步，但欲望也能将一个人的灵魂吞噬。适当的欲望可以让我们更加积极地前进，但是过度的欲望就会演变为贪婪，表现为总是不满足，拥有了还要拥有更多。

自卑、懦弱等性格所致：自卑和懦弱的性格往往会让你觉得自己不如别人，甚至在你和其他人的能力旗鼓相当的时候也会怀疑自己，从而觉得别人总是比自己好。

人际交往中常会出现攀比现象，比利益的差异、比身份的差异、比名誉的差异。一般来说人与人的差异小时、相对公平时的攀比会减弱；如果人与人的差异过大，攀比的可能性也会缩小。只有旗鼓相当，实力差距不大时，攀比的可能性才会加大。

攀比有一方面积极影响。一个科室的员工、一个公司的同事、一个班组的成员、一个班里的学生，在工作、学习、交际能力上互相攀比，往往会发现自己的不足，看到别人的长处，从而增强"镜子"的作用，促进个人社会化进程。在许多情境中，个体由于认知不足，或情况不熟悉等，必须从他人的行为中寻求参照系统，此时的攀比多具有积极意义。

矫正歪曲的攀比心理

还有一种消极攀比金律，是出自自卑心理和虚荣心理。几个男人间攀比自己的轿车档次、别墅豪华程度、行政职务高低、经济收入多少；几个学生攀比父母的职位、富有程度、谁穿的名牌服装多。要面子的心理必然导致消极攀比。再有一种消极攀比是由从众心理的导致，周围环境中大家都这样做，为了和群体保持一致，不妨"随大流"，一方面不脱离群体行为准则，另一方面不致使群体对自己产生压力。这种自愿从众的特点，虽然与社会成员之间的沟通、交往会十分顺畅，有利于适应社会环境，但难免掺杂攀比的成分。

矫正歪曲的攀比心理，应从以下几点做起：

心态平和：人生是一个由起点到终点，短暂而漫长的过程，在这个过程中每个人所拥有和承受的喜怒哀乐、爱恨情仇都是一样的、相等的。这既是自然赋予生命的规律，也是生活赋予人生的规律，只不过每个人享用、消受的方式不同，有的人先苦后甜，有的人先甜后苦。世间没有永远的赢家，也没有永远的输家。所以要心态平和地面对人生的起伏。

不能总是这山望着那山高：就像"吃草的驴"那则寓言所说的：一头驴饿了，走到一个干草垛前打算吃一些干草。它刚要低下头用餐，却发现旁边的另一垛干草似乎比较大。等它走到那垛干草前，回过头来一看，发现还是原来那垛干草比较大。这头驴就这样在两垛干草之间走来走去。最后饿死了。其实，两垛干草原本是一样大的！

享受自己拥有的，摒弃不合理的比较：一个心智健全的人，对金钱、地位等应该抱有积极的态度，想得开，放得下，朝前看，从而才能从琐事的纠缠中超脱出来。

不卑不亢：攀比，是一件不必太在乎的事情，与其事事攀比、裹足不前，还不如走自己的路，让攀比埋葬在路边吧！攀比的双重金律提示我们，积极的内容完全可以攀比，它有利于长志气，弃旧图新；消极的攀比是不可取的，它只能滋长人们的虚荣心，甚至嫉妒、嫉恨心理，会导致心灵的扭曲和资源浪费的不良后果。消极攀比是一种不成熟的心理状态，是缺乏人格独立性的表现。

第六节　美即好金律：一好俱好、一坏俱坏的误区

美即好金律是指当一个人在某一方面很出色，如相貌、智力、天赋等，人们往往认为他们在其他方面也会自然而然地出色。更有甚者，只要认为某个人不错，就赋予其一切好的品质，便认为他所使用过的东西、跟他要好的朋友、他的家人都很不错。

不能以貌取人

在与别人的交往中，我们并不总是能够实事求是地评价一个人，而往往是根据已有的对别人的了解而对其他方面进行推测，从对方具有的某个特性而泛化到其他有关的一系列特性上，从局部信息形成一个完整的印象，一好俱好，一坏俱坏。

固然，有些人确实可以在很多方面都很优秀，但现实中这种人毕竟不多。现实中多的是虽有所专长，但在许多方面都很平庸的人。古语云：人不可貌相，海水不可斗量。要是以貌取人，或是对一个人的能力以偏概全，你可能会丢失很多宝贵的东西。

在生活中，其实我们都在无意识地、执拗地利用着美即好金律。大多数人只要一闻到权威的气息，便会立即放弃自己的主张或信念，转而去迎合权威的说法。一看到某些人长相出众，就认为他们的能力也不错，从而给他们很多机会。其实，美即好金律是一把双刃剑。在对人才的甄别上，我们应从本质上去认识，真正选中有真才实学的人。在面对权威人士的观点时，要理性地去进行鉴别，从而避免受到误导。只有这样，

人生金律

才不会有碍你的成功。

> 战国时候，道家隐者杨朱和弟子有一次来到了宋国。天气很热，他们找到了一家小客栈休息。弟子不久就发现，店主的两个老婆长相与身份地位相差极大：一个长相一般的在柜台上掌管钱财进出，而一个长得很美的却干着洗碗拖地的杂活。弟子很困惑，就忍不住问店主是什么原因。主人回答说："长得漂亮的自以为漂亮，不听管束，举止傲慢，可是我却不认为她漂亮，所以我让她干粗活；另一个认为自己不美丽，凡事都很谦虚，我却不认为她丑，所以就让她管钱财。"

在企业里面，有多少管理者能像这位旅店的老板一样公允分明地用人呢？

以貌取人的领导很多，这样最终会伤透下属的心，长期下去，务实之人定会悄然离别，而花瓶也不可能为你带来效益，最终企业只有等着关门。

不要把情绪作为印象的基础

也有人利用别人美即好的心理，取得了个人事业的成功。麦哲伦是近代航海事业的开拓者之一，带领自己的船队成功地完成了环绕地球一周的壮举，向世人证明了地球是圆的。他之所以能够成功，得益于西班牙国王卡洛尔罗斯的帮助。当时，自哥伦布航海成功以来，许多投机者或骗子为求得资助频频出入王宫，要求得到国王的资助进行新的航海探险。这使得争取到资助的难度增加了不少。麦哲伦为表明自己与这些人不同，在觐见国王时特地邀请了著名的地理学家路易·帕雷伊洛同往。

帕雷伊洛是公认的地理学权威，国王对他也相当尊重。进宫后，帕雷伊洛将地球仪摆在国王面前，历数麦哲伦航海的必要性及种种好处。

国王看到帕雷伊洛都如此推崇麦哲伦的计划，于是爽快地答应资助这次航行，向麦哲伦颁发了航海许可证。其实，在麦哲伦等人结束航海后，人们发现了帕雷伊洛当时对世界地理的错误认识及他所计算的经度和纬度的诸多偏差。由此可见，劝说的内容无关紧要，卡洛尔罗斯国王只是因为那是"专家的建议"，就认定帕雷伊洛的劝说是值得信赖的。正是国王的美即好心理金律—专家的观点不会有错，成就了麦哲伦的环球航行的伟大成功。

印象一旦以情绪为基础，这一印象常会偏离事实。看不到优秀背面的东西，就不能很好地解读它。

第七节　晕轮金律：不要让光环蒙蔽双眼

晕轮金律又称光环金律，最早是由美国的著名心理学家爱德华·桑戴克提出的。晕轮是一种当月亮被光环笼罩的时候产生的模糊不清的现象。爱德华认为，人对事物和他人的认知判断往往是从局部出发，然后扩散，最后得出整体现象。就像晕轮一样，这些认知和判断常常都是以偏概全的。

不要以偏概全地去思考问题

心理学家戴恩做过这样的一个实验：先让被测试者看一些人的照片，这些人形色、着装各不相同，然后让这些被测试者从特定的方面来评价这些人。结果表明，被测试者赋予了那些有魅力的人更多的、理想的人格特征，比如：和蔼、沉着、好交际等。那些形象差的人被添加了更多贬义的人格特征，比如：奸诈、狡猾等。

如果一个人被认为是好的，他就会被赋予很多优秀的品质，被一种积极而肯定的光环所笼罩。如果一个人被认为是坏的，他就会被认为具有很多坏的品质，就被一种否定的光环所笼罩。

我们内心深处总是认为人的外表和性格与人的品质之间有着内在联系。比方说，认为热情的人往往对人比较友好，肯帮助别人，容易相处；而性格内向的人则较为冷漠、孤独、古板，比较难相处。这样，只要对某人有了"热情"或"内向"的一个核心特征，我们就会自然而然地去补足其他有关联的特征。其实这种从外表判断内心，又从性格特征泛化到对品质的评价现象，正是产生晕轮金律的主要原因。

晕轮金律是一种以偏概全的主观心理臆测。正如歌德所说："人们见到的，正是他们知道的。"晕轮金律的错误就在于：它只抓住事物的个别特征，习惯以个别现象推及一般，就像盲人摸象一样，以点带面；它把并无内在联系的一些个性或外貌特征联系在一起，断言有这种特征必然会有另外一种特征；说好就全都肯定，说坏就会全部否定，这是一种受主观偏见支配的绝对化倾向。

金律应用

事实上，晕轮金律不仅仅表现在通常的以貌取人上，还常常表现在以服装来判断他人的地位、性格上，以初次言谈断定他人的才能与品德方面。在对不太熟悉的人进行评价的时候，晕轮金律体现得更为明显。

比如，有的领导对一些青年人的生活习惯、衣着打扮看不顺眼，于是就会把他们看得一无是处。而看到某人的字写得很好，就认为他思路清晰，办事认真，有条理等。总之，这种戴着有色眼镜去判断他人的行为，就是陷入了晕轮金律的迷宫。这种人际直觉的投射倾向，往往是不自觉的。一旦你自己不加注意，没有清醒地、理智地经常进行自我反思，那么，就很有可能产生各种偏见。

晕轮金律是一种非常普遍的心理错觉。在人际交往中，我们应该注意告诫自己不要被别人的晕轮金律所影响，而陷入晕轮金律的误区。从另一方面来说，也应该恰当利用这一金律来提高自己的人际关系。比方说，你对人诚恳多一些，即便你的能力差一些，别人也会对你产生信任。在职场，你就更应该巧妙地运用晕轮金律，把自身的优势充分地展现出来，给领导留下一个深刻的好印象，从而得到领导的赏识。

第八节　裙带金律：近朱者赤，近墨者黑

金律体现

裙带金律就是中国古语所谓"近朱者赤，近墨者黑"。它反映了人们在做选择时，其并非单独面对一个选择来做出自己的最优化决策，而是会受到周围同样地位人群的影响，从而使自身的行为和行为结果发生变化。

哈佛大学经济学教授Camhne Hoxby于2000年在《美国经济评论》上发表论文，以一个地区的河流数量为工具变量进行分析得出这样一个结论：河流越多——即学区越多，公立学校竞争越激烈的地区，教育质量越高。这一论点的提出在美国引发了广泛而激烈的讨论，同时，也引起了美国共和党的强烈兴趣，并以此为基础，提出"需要对美国基础教育进行重大改革"的口号，作为其竞选口号之一。Hoxby本人也受到美国政府的聘请，参与到与美国教育改革相关的经济政策研究中来。

人生金律

打造自己的优质人脉网

对于裙带金律的生活再现研究，要注意一个人所受到的影响不止来源于他的裙带者们，举例来说，重点中学的学生考上名牌大学的概率高，但不一定是因为重点中学的学生都很优秀，有良好的裙带金律，还可能因为重点中学本身的硬件设施较好，老师水平较高，或者因为学生在进入重点中学前要通过考试筛选，学生本人的成绩就很好等，只有在排除了这些影响后，依然能发现学生的成绩与其同学成绩同步上升了，才能证明裙带金律的作用。

裙带金律在人际关系上的生活再现很简单，一个人所交往的朋友，会影响自己本身的言行举止。以学校为例，在一个班级里，每一个学生不仅通过知识溢出，即向同学解答问题和在课堂上回答老师提问等来影响其他同学，同时他们的行为也会影响到班级的氛围：一个不遵守纪律的学生可能直接影响其他同学，也可能使得老师不得不花上更多的时间来整顿纪律，从而减少了老师传授知识的时间，因此间接地使其他同学受到影响。又如在宿舍中，一个学生的不良嗜好，如吸烟、酗酒等，已被证明会影响到其舍友的学业成绩，而这种影响，既可能是因为这些行为影响了学习环境，也可能是影响了他人的行为习惯。同样地，学生能力、性别、种族以及家庭收入等都可以成为裙带金律的影响因素，能力较差的学生将占用老师更多的时间，不同性别和种族之间的紧张关系会干扰到正常的学习，较高家庭收入的学生父母可能购买更多的教育资源，并扩散到其他同学。此外，裙带金律也可以通过老师或行政管理人员对待学生的方式产生作用。

裙带金律给我们两个启示：一是"近朱者赤，近墨者黑。"我们要打造自己的优质人脉网；二是人在面对选择时，会受到周围人的影响，从而使自己的选择结果发生改变。所以，在我们做重要的选择时，我们应该独立思考进行最优的选择。

第九节　拆屋金律：开天窗的学问

拆屋金律是指在人际交往过程中，先提出很大的要求来，接着提出较小、较少的要求，这样就比较容易达到目的。在心理学上这被称为"拆屋金律"。这一现象与"登门槛金律"异曲同工。

"得寸进尺"的智慧

我们拿两种情况做一下对比，第一种情况是先提出一个不合理要求，再提出一个相对较小的要求，第二种情况是直接提出这个较小的要求，比较哪种情况下的要求更易被接受。实验结果表明，在前一种情况下提出的要求更容易被人们所接受，而直接提出要求反而不容易被接受。

通常人们不太愿意两次连续地拒绝同一个人，当你第一次拒绝人时，你会对被拒绝的人有一种歉疚，所以当他马上提出一个相对较易接受的要求时，你会尽量地满足他，而不太愿意连续两次摆出拒绝的姿态，毕竟我们并不想因为自己的行为而让人觉得我们想拒绝这个人。

鲁迅先生曾于1927年在《无声的中国》一文中写道："中国人的性情总是喜欢调和、折中的，譬如你说，这屋子太暗，说在这里开一个天窗，大家一定是不允许的。但如果你主张拆掉屋顶，他们就会来调和，愿意开天窗了。"

这一金律在现实生活中也很常见。学校的一名学生犯了错误后离家出走，班主任和家长都焦急万分，没过几天学生安全地回来后，班主任和家长反倒不再过多地去追究这名学生之前所犯的错误了。实际上在这里，离家出走就相当于"拆屋"，是班主任没办法接受的，也是不希望发生的一

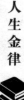

种结果，学生之前犯的错误就相当于"开天窗"，虽然原来难以接受，但相对于离家出走就显得可以接受，实际上这就是拆屋金律的表现。

金律应用

拆屋金律也是交际中常用的有效的技巧，例如在谈判中，有时候我们需要在谈判一开始就抛出一个看似无理而令对方难以接受的条件，但这并不意味着我们不想继续谈判下去，只代表着一种谈判的策略罢了。这是个非常有效的策略，它能让你在谈判一开始就占据着比较主动的地位，但记住这只是"拆屋"，如果想让谈判真正有所进展，不要忘记"开天窗"。所以，如果你的一个要求让别人很难接受时，在此前你不妨试试提出个他更不可能接受的要求，或许你会有意外的收获。

在与人交际的时候，要善于掌控对方的心理，不要让自己先在心理上处于劣势，否则你就会在比交际中处于劣势状态。一定要巧妙利用拆屋金律，这会让你与他人之间的交际变得更顺利。

第十节　定型金律：不要机械化自己的思维

金律解释

定型金律，又称刻板金律，是指人们用刻印在自己头脑中的关于某人、某一类人的固定印象作为判断和评价他人的依据。

社会心理学家包达列夫做过这样一个实验，将一个人的照片分别给两组被试者看，照片的特征是眼睛深凹，下巴外翘。向两组被试者分别介绍了情况，给甲组介绍情况的时候说"此人是个罪犯"。给乙组介绍情况的时候说"此人是位著名学者",然后,请两组被试者分别对此人的照片特征进行评价。

评价的结果是,甲组被试者认为:此人眼睛深凹表明他凶狠,狡猾,下巴外翘反映其顽固不化的性格。乙组被试者认为:此人眼睛深凹,表明他具有深邃的思想,下巴外翘反映他具有探索真理的坚韧精神。

为什么两组被试者对同一照片做出如此截然相反的评价?原因很简单,这就是人们对社会各类的人有着一定的定型认知。把他当罪犯来看的时候,自然就把其眼睛、下巴的特征归类为凶狠、狡猾和顽固不化,而把他当学者来看的时候,便把相同的特征归为思想的深邃性和意志的坚韧性。刻板金律实际上就是一种心理定式金律。

避免刻板地思考问题

有些人总是习惯地把人进行机械的归类,把某个具体的人看作是某类人的典型代表,把对某类人的评价视为对某个人的评价,因而影响了正确的判断。刻板印象常常是一种偏见的看法,人们不仅对接触过的人会产生刻板印象,还会根据一些不是十分真实的间接资料对未接触过的人产生刻板印象,得出固化的结论。例如:老年人是保守的,年轻人是爱冲动的;北方人是豪爽的,南方人是善于经商的等。

《三国演义》中曾与诸葛亮齐名的庞统去拜见孙权,"权见其人浓眉掀鼻,黑面短髯,形容古怪,心中不喜"。庞统又见刘备,"玄德见统貌陋,心中不悦"。孙权和刘备都认为庞统这样面貌丑陋的人是不会有什么才能的,因而产生不悦的情绪,继续介绍,实际上庞统是一位谋士,实际上这是刻板金律的负面影响在作怪。

人的思维总是从个别到一般,再从一般到个别,人们在认知某人的时候,会先将他的一些明显的特征归属为某类成员,又把这类成员所具有的典型特征都归属到他的身上,再以此为依据去认知他,然后将这种印象存于人们的头脑中。假如在没有充分把握某一类人全面感性特征的基础上就做出概括的话，往往会形成不符合这类人的实际特征的印象。而依据这种印象去评价和判定别人的时候，又不考虑个人的具体生活经验，自然就会产生"刻板印象"的偏见了。比如，人们一般认为工人豪爽，农民质朴，商人精明，军人雷厉风行，知识分子文质彬彬，诸如此类都是人脑中形成的刻板、固定印象，都是类化的看法。此外，性别、年龄等因素，也可以成为定型金律对人分类的标准。例如，按年龄归类，认为年轻人进取心强，敢说敢干，而老年人则墨守成规，行动迟缓。按性别归类，认为男人总是独立性很强，竞争心强，而女性则是依赖性强，内心脆弱，注重外貌。

定型金律既有积极的作用也有消极的作用。由于刻板印象建立在对某类成员品质的抽象概括的基础上，反映了这类成员的共性，有一定的合理性和可信度，所以它有助于对人迅速做出判定，增强人们在沟通中的适应性。但定型金律的消极影响也是明显的，它会阻碍人们对新特性的熟悉，使人容易僵化、保守，造成认知上的偏差，如同戴上了有色眼镜去看人。

第4章

万变不离其宗——打破常规金律

"肯用心思考未来，抓重大趋势。预见未来，就是要怀疑一切，打破常规，看透现在，颠覆时代。"李嘉诚先生就是这样阐述规则在成功中的重大作用的——成功需要打破常规，并从打破的规则中抓住规则。

第一节　皮格马利翁金律：说你行，你就行，不行也行

皮格马利翁金律，也译为"毕马龙金律"、"比马龙金律"，是由美国著名心理学家罗森塔尔和雅各布森在小学教学上经过验证而提出来的，亦称"罗森塔尔金律"或"期待金律"，"说你行，你就行，不行也行；说你不行，你就不行，行也不行"是对此金律的形象描述。它意味着，在本质上，人的情感和观念会不同程度地受到别人下意识的影响。人们会不自觉地接受自己喜欢、钦佩、信任和崇拜的人的影响和暗示，而这种暗示，可能正是让你梦想成真的基石之一。

皮格马利翁金律的由来与发展

关于皮格马利翁金律有一则美丽却有些许忧伤的故事，我们可以从这则故事中找寻到它发展的轨迹。

这是一则古希腊神话故事，塞浦路斯的国王皮格马利翁是一位有名的雕塑家，他用象牙精心地雕塑了一位美丽可爱的少女。他深深爱上了这个"少女"，并给它取名叫盖拉蒂。他还给盖拉蒂穿上美丽的长袍，并且拥抱它、亲吻它，他真诚地期望自己的爱能被"少女"接受。但无论皮格马利翁怎么表现，它依然是一尊雕像。皮格马利翁感到很绝望，他不愿再受这种单相思的煎熬，于是，他就带着丰盛的祭品来到阿弗洛蒂特的神殿向她求助，他祈求女神能赐给他一位如盖拉蒂一样优雅、美丽的妻子。

最终，他的真诚和努力感动了阿弗洛蒂特，女神决定帮他。皮格马利翁回到家后，径直走到雕像旁，凝视着它。时间一点点地消逝，忽然，雕像发生了变化，它的脸颊慢慢地呈现出血色，它的眼睛开始释放光芒，它的嘴唇缓缓张开，露出了甜蜜的微笑——它活了，真的成了一名美貌的少女。盖拉蒂向皮格马利翁走来，她用充满爱意的眼光看着他，浑身散发出温柔的气息。不久，盖拉蒂开始说话了。皮格马利翁惊呆了，一句话也说不出来。上帝！皮格马利翁的雕塑成了他的妻子。一个简单而美丽的故事开启了皮格马利翁金律发展的进程。

在这个神话的基础上，美国著名心理学家罗森塔尔和雅各布森进行了一项关于老鼠的有趣的研究。1963 年，罗森塔尔和福德进行了一个实验，他告诉学生，用来进行实验的老鼠来自不同的种系：聪明鼠和笨拙鼠。实际上，老鼠来自同一种群。但是，实验结果却得出了聪明鼠比笨拙鼠犯的错误更少的结论，而且这种差异具有统计显著性。他对学生测试老鼠时的行为进行观察，并没发现欺骗或做了其他使结果歪曲的事情。似乎可以推断，拿到聪明鼠的学生比那些拿到笨拙鼠的不幸学生更能鼓励老鼠去通过迷津。也许这影响了实验的结果，因为实验者对待两组老鼠的方式不同。这是一个最初的实验。

1968 年，两位美国心理学家来到一所小学，他们从一至六年级中各选 3 个班，在学生中进行了一次煞有介事的"发展测验"。然后，他们以赞美的口吻将有优异发展可能的学生名单通知有关老师。老师接受了这个名单，8 个月后，他们又来到这所学校进行复试，结果名单上的学生成绩有了显著进步，而且情感、性格更为开朗，求知欲望强，敢于发表意见，与教师关系也特别融洽。实际上，这是心理学家进行的一次期望心理实验。他们提供的名单纯粹是随便抽取的。他们通过"权威性的谎言"暗示教师，坚

人生金律

定教师对名单上学生的信心，虽然教师始终把这些名单藏在内心深处，没有明显地表现出来，但掩饰不住的热情仍然通过眼神、笑貌、音调滋润着这些学生的心田，实际上他们就扮演了皮格马利翁的角色。学生潜移默化地受到影响，因此变得更加自信，奋发向上的激流在他们的血管中荡漾，于是他们在行动上就不知不觉地更加努力学习，结果就有了飞速的进步。这个令人赞叹不已的实验，后来被誉为"皮格马利翁金律"、"期待金律"或"罗森塔尔金律"。

后来，皮格马利翁金律被戏称为："上联：说你行，你就行，不行也行；下联：说不行，就不行，行也不行；横批：不'扶'不行。"这是一个有趣而伟大的实验，它让我们学会了赞赏，学会了鼓励，学会了换一种心态去对待我们周围的人。它让我们学会谦卑，学会用心去认识自己，认识他人。每个人的潜力都是无限的，只需要我们有一颗"伯乐"的心。

美国纽约州第一任黑人州长罗杰·罗尔斯出生在纽约州的一个贫民窟。这个贫民窟的环境很差，那里的孩子逃学、打架成风，有的还偷窃、吸毒，无恶不作，长大了也少有能找到体面工作的。而罗尔斯则幸运地遇到了皮尔·保罗，他的老师。

一天，老师蹲在孩子们中间，与他们一起做游戏，给孩子们看手相，"预测"未来。在那样恶劣的环境下，孩子们只沉沦于当下，根本不知道还有未来。当罗尔斯害羞地将小手递给老师时，皮尔·保罗微微笑着亲了一下他脏兮兮的手，再展开它，惊喜地说："我一看你修长的小拇指就知道，将来你会是纽约州的州长。"小罗尔斯感到非常惊讶，他从来没有想过自己会有这样的成就。于是，这句话就在罗尔斯幼小的心灵上留下了永久的烙印。因为从小到大，只有奶奶让他振奋过一次——有一天，奶奶说他可以成为一艘5吨重的船的船长……可是，如今老师竟然说他可以成为纽约州州长，这对小罗尔斯来说，是有非常大的意义的。

从此以后，罗尔斯记下了这句话，并坚信不疑。他学会每天与太阳一起起床，衣服不再沾满泥土，也不再说污言秽语。他总是挺直腰杆走路。他成了班长。在以后的40年里，他没有一天不是按照一个州长的规范要求自己的。当州长的梦一直萦绕在他心头，像一粒期待阳光唤醒的种子。51岁那年，他真的成了州长。在就职典礼上，他说，老师的那句话，是他人生旅程里引领他一直往前走的阳光。在黑暗的人生隧道里，因为光明的带领，他走出了少年的迷乱、青年的迷惘。一句期待的话语，改变了罗尔斯一辈子的命运。

所以，从皮格马利翁金律的角度来讲，真诚地给孩子一句鼓励的话就可能改变一个孩子一生的命运。虽说鼓励并不能使所有的学生都成才，但每个成功的学生毫无疑问都离不开鼓励。对于一个学生而言，无论是信心的获得、正确价值观的确立，还是一个良好习惯的形成，鼓励都是非常重要的。若我们能用心去体会教育、感悟教育，给孩子以真诚的祝福，真心欣赏孩子取得的每一个成功，将会激发孩子最大的潜能，引导孩子更好地追寻梦想，收获成功的人生。

这则关于皮格马利翁金律的小故事，其实很简单，最通俗的说法，其实就是鼓励。不管你们面对什么人，不管你认为他有多么差，你首先要学会鼓励，学会用心去尊重这个和你一样的人。那么，时间会告诉你，你的选择是对的。皮格马利翁金律对我们的学习、工作等方面都有着很好的启示作用，若我们能在日常生活中很好地运用皮格马利翁金律，肯定会有不一样的收获。

第二节　刺猬理念金律：发扬自己的核心竞争力

金律解释

刺猬理念金律是指把复杂的世界简化成单个有组织性的观点——一条基本原则或一个基本的理念，让其发挥统帅和指导的作用。

刺猬理念金律源自古希腊的一个寓言《刺猬与狐狸》，它讲述的是：狐狸是一种狡猾的动物，它可以设计无数复杂的策略，偷偷地向刺猬发动进攻。但每一次刺猬都蜷缩成一个圆球，浑身尖刺指向四面八方。狐狸行动迅速，皮毛光滑，脚步飞快，阴险狡猾，看上去一定是赢家。而刺猬看起来则毫不起眼，尽管狐狸比刺猬聪明，但在实际中屡战屡胜的却是刺猬。

这则寓言说明了，狐狸虽然知道很多事，但是刺猬知道最重要的事就是保护自己，而这足以使它从狡猾的狐狸的进攻中逃生。

其实，人也可以划分成两种基本类型：狐狸和刺猬。狐狸的思维是"凌乱或是扩散的，在很多层次上发展"，从来没有使它们的思想集中成一个总体理论或统一的观点。而刺猬则把复杂的世界简化成单个有组织性的观点，一条基本原则或一个基本的理念，发挥统帅和指导的作用。不管世界多么复杂，刺猬都会把所有的挑战和进退维谷的局面压缩成简单的"刺猬理念金律"。

不要轻易分散自己的精力和资源

刺猬理念金律强调的深刻思想本质是简单，而这正是那些卓越的人和他们同样聪明的人区分开的原因。从研究调查那些成功地从优秀跨越到卓越的公司中，吉姆·柯林斯根据刺猬理念金律提出了三环理念—他发现每个实现跨越的公司，其核心竞争能力并不是由随意的简单观念堆砌而成，而是三环交叉的部分，这三个环是"你能够在什么方面成为世界上最优秀的""是什么驱动你的经济引擎""你对什么充满了热情"。

其实，将吉姆·柯林斯提出的三环理念再现于个人自我追求中，在人生目标和职业选择中，同样具有深刻意义。当你选择一个职业的时候，你是否考虑过这三环：

你要从事的职业是否是我具备的天赋？你可以在这个职业上取得卓越的成绩，这才是你的核心竞争力。有时候，你能做到最好的，可能并不是你现在从事的。所以你要提升对自己的洞察力。

是什么驱动你自己的经济引擎？你不仅要有穿透性的洞察力，还要能够通过自己在职业中获取的利润来支持生活、家庭和职业的未来提升。

你是否充满了热情？这份职业是否能引发你的热情，使你全力以赴。这里的问题并不是刺激热情，而是发现什么才能使你热情洋溢。

西方有句谚语："制鞋匠，干好你自己的活儿就行了。"如果你学会了找出自己的人生中、职业中的刺猬理念金律，专注于此，并坚持不懈，你注定会成为一个卓越的人—过自己期望的人生，拥有自己热爱的职业，这难道不是每个人的梦想吗？

刺猬理念金律告诉我们：专注自己的核心竞争能力，不要轻易分散自己的精力和资源，并且坚持不懈，这样就能实现自己的理想。

第三节　跳蚤金律：目标决定你的出路

金律解释

跳蚤金律指的是：你想跳多高，就会跳多高。我们不要自我设限，要不断超越过去的自己，超越自己的经验，超越个人的瓶颈。

生物学家做过一个有趣的实验：将一些跳蚤放进一只玻璃杯里，发现跳蚤很轻易地就跳了出来，重复几次，结果都是一样。根据测试，跳蚤跳的高度是其身高的100倍以上。接下来，实验者将这些跳蚤再次放进杯子里，同时在杯子口加上一个玻璃罩，只见跳蚤重重地撞在玻璃罩上，虽然如此，跳蚤依旧不会停下来，因为跳蚤的生活方式就是"跳"，一次次跳起，一次次被撞，最后跳蚤变聪明了，它们开始根据玻璃罩的高度来调整自己所跳的高度，经过一段时间之后，这些跳蚤再没有撞击到这个玻璃罩，而是在罩下跳动。

几天后，实验者将玻璃罩拿掉，跳蚤不知道玻璃罩已经去掉，还是依照之前的高度继续跳跃。一周后，那些可怜的跳蚤还在这个玻璃杯内不停地跳动，而此时它们已经无法跳出这个玻璃杯了，因为它们已经从一只跳蚤变成了一只"爬蚤"！

后来，生物学家在玻璃杯下放了一个点燃的酒精灯。不到5分钟，玻璃杯烧热了，所有的跳蚤发挥自然的求生本能，再也不管是否会被撞痛，全部都跳出了玻璃杯，这就是著名的"跳蚤金律"。

跳蚤变成"爬蚤"，并不是自身失去了跳跃能力，而是因为一次次挫折后学乖了，调整自己跳跃的目标高度，而且适应了它，不再改变。

不要给自己设置心理高度

人生又何尝不是如此？许多障碍一开始时，在我们眼里都是那么沉重和无奈，等到我们鼓足勇气克服之后，才发现它不过是一层窗纸而已，并且许多障碍看起来难以克服，实际上这些障碍并没有想象中的困难。有些时候，很多人都不敢去追求梦想，不是追不到，而是因为心里已经默认了一个"高度"，这个"高度"常常使他们受限，看不到自己未来的努力方向。

"自我设限"是一件悲哀的事，现实生活中，有许多人也在过着这样的跳蚤人生。年轻时意气风发，梦想着成功，但是往往事与愿违，一次次的拼搏换来一次次的失败，经过几次失败之后，他们便开始抱怨世界的不公平，开始怀疑自己的能力，他们不再勇往直前去追求成功，而是一再降低成功的标准。他们不是不能成功，而是因为他们心里已经默认了一个"高度"，这个高度常常暗示自己：成功是不可能的，这是没办法做到的。因此，"心理高度"是人无法取得伟大成就的根本原因之一。

要有明确的、有挑战性的目标

现在我们来看一个真实的例子，这个例子很好地证明了，如果一个人看不到自己的目标，他就达不到终点。

1952 年 7 月 4 日清晨，加利福尼亚海岸被笼罩在浓雾中。在海岸以西 21 英里的卡塔林纳岛上，一个 34 岁的女人涉水进入太平洋中，开始向加州海岸泅去。要是成功了，她就是第一个游过这个海峡的妇女。这名妇女叫费罗伦丝·柯德威克。在此之前，她是从英法两边海岸游过寒吉利海峡的第一个妇女。那天早晨，海水冻得她身体发麻，雾很大，她连护送她的船都几乎看不到。时间一个钟头一个钟头过去，千千万万人在电视上注视着她。在以往这类渡海游泳中的最大问题不是疲劳，而是刺骨的水温。15个钟头之后，她被冰冷的海水冻得浑身发麻。她知道自己不能再游了，就叫人拉她上船。她的母亲和教练在另一条船上，他们告诉她海岸很近了，叫她不要放弃。但她朝加州海岸望去，除了浓雾什么也看不到。十几分钟之后，人们把她拉上了船。而拉她上船的地点，离加州海岸只有半英里！

当别人告诉她这个事实后，从寒冷中慢慢复苏的她很沮丧，她告诉记者，真正令她半途而废的不是疲劳，也不是寒冷，而是因为在浓雾中看不到目标。柯德威克小姐一生中就只有这一次没有坚持到底。两个月之后，她成功地游过了同一个海峡。她不但是第一位游过卡塔林纳海峡的女性，而且比男子的纪录还快了大约两个钟头。

对于柯德威克这样的游泳好手来说，尚且需要目标才能鼓足干劲完成她有能力完成的任务，对一般的人来说更尤其如此。同样，一个企业要想取得成功，也要为自己设定一个可以追逐的目标。摩托罗拉公司就是因追逐目标而成功的典型。

在美国企业界，有一个深孚众望的奖项—美国国家品质奖。它象征着美国企业界的最高荣誉。赢得此奖的企业，必须是能生产全国最高品质产品的企业。

为赢得该项奖项，摩托罗拉公司从1981年就开始了竞争。他派了一个侦察小组，分赴世界各地表现优异的制造机构进行考察。目的不仅是看他们怎么做，也要看他们如何精益求精。所有摩托罗拉的员工都面临着挑战，力求大幅度降低工作中的错误率。一批以时计酬的工人，负责指出错误并有奖赏。结果是产品错误率降低了 90%，但摩托罗拉仍不满意。公司又设定了新的目标：所生产的电话的合格率达到 99.997%。所有摩托罗拉员工，都收到一张皮夹大小的卡片，上面标示着公司的目标。公司还制作了一盒录像带，解释为什么 99% 的产品无故障仍嫌不足。这盒录像带指出，如果这个国家的每一个人，都以 99% 的品质来工作，那每年就会有 20 万份错误的医药处方，更别说会有三万名新生儿，被医生或护士失手掉落地上。试问，99% 的品质，对于将其性命托付给摩托罗拉无线电话的警察而言，是否足够？

1988 年，66 家公司开始竞夺美国国家品质奖。大部分参赛单位实际上都是一些像 IBM、柯达、惠普等大公司的某一部门，但摩托罗拉却以整个公司为单位参加竞赛，并以绝对的优势轻松夺魁。

1988 年度，摩托罗拉因减掉了昂贵的零件修复与替换工作，而节省了 2.5 万亿美元，收入增加了 23%，利润提高了 44%，创造前所未有的纪录。这样的盈余回报是令人欣慰的，也出乎原先的预期。一名主管声称："获得美国国家品质奖，有一种金钱买不到的奇效。"这就是目标的效力，有什么样的目标就有什么样的人生。目标使我们产生积极性。

只有我们给自己的人生设定了目标，我们内心深处那个勇敢、坚定、执着、不畏艰险的"自我"才会走出来，我们才能最大限度地激发自己的潜能，更好地迎接人生路上的各种挑战。所以，我们要敢于梦想，敢于制定富有挑战性的目标，这样，我们的潜能才能最大限度地激发出来，才更容易在未来的路上获得成功。

第四节 手表金律：追寻生命中的真正价值

金律解释

手表金律是指一个人有一只表时，可以知道现在是几点钟，而当他同时拥有两块表时却无法确定。两只表并不能告诉一个人更准确的时间，反而会让看表的人失去对确认准确时间的信心。你要做的就是选择其中较信赖的一只，尽力校准它，并以此作为你的标准，听从它的指引行事。

山上生活着一群猴子，每天在猴王的带领下外出觅食，休息，生儿育女。一名游客把手表落在了树下的岩石上，被猴子"猛可"拾到了。聪明的"猛可"很快就搞清了手表的用途，于是，每只猴子都向"猛可"请教确切的时间，整个猴群的作息时间也由"猛可"来规划。"猛可"逐渐建立起威望，当上了猴王。

做了猴王的"猛可"认为是手表给自己带来了好运，于是它每天在山上巡查，希望能够拾到更多的表。功夫不负有心人，"猛可"又拥有了第二块、第三块表。但"猛可"却有了新的麻烦：每只表的指示都不尽相同，哪一个才是确切的时间呢？"猛可"被这个问题难住了。当有猴子来问时间时，"猛可"一时回答不上来，整个猴群的作息时间也因此变得混乱。过了一段时间，猴子们把糊涂的"猛可"推下了猴王的宝座，"猛可"的手表也被新任猴王据为己有。但很快，新任猴王同样面临着"猛可"的困惑。

在现实生活中，我们也经常会遇到类似的情况。比如两门选修课都是你所感兴趣的，但是授课时间重合，而且你又没有足够的精力学好两门课程，这个时候你很难做出选择。在面对两个同样优秀、同样倾心于你的男孩子时，你也一定会苦恼许久，不知该如何做出决断。

明确自己想要什么

哲学家说："人不可能同时踏入两条河流。"因此，我们必须随时做出选择，必须学会舍弃，必须突破一个又一个两难困境，因为每一次选择都将影响着我们获得的结果—成功或是失败。

选择是一个连续的过程，没有所谓"正确的选择"，只有"选择正确的方向"。一开始，个人的选择空间通常非常狭小，并不能完全自主地做出决定，但总有一定的选择余地。如何把握有限的选择权，使其朝向一个正确的方向十分重要。

也许我们无法做出绝对正确的选择，但是我们却可以做出对未来最有利的选择。一项选择是否正确，从某种意义上说取决于对未来的意义。譬如说，你刚刚大学毕业，摆在你面前的有两份工作，一份工资待遇高，但与自己的兴趣并不吻合，另一份工资待遇低，却是自己喜欢的，你该如何选择呢？

"我会选择自己喜欢的工作。"相信你会这样回答，而且是大多数人的答案。之所以如此，是因为它不过是一个假设。现代社会价值观不断教导人们要"自由选择"，要选择"对人生有价值的东西"。但是，一旦面对现实，我们的心理天平就会倾斜，尤其是当收入水平的高低差距超出了我们的心理承受能力时，大多数人都会失衡。

"是否可以这样考虑，先接受那份待遇高但自己不感兴趣的工作，积累一定的财富后，再去追求自己的兴趣爱好也不迟啊！"这才是大多数人真实的想法。其实，对于年轻人来说，一份工作即使收入高些，也不能使你一夜暴富，而另一份工作即使收入低些，也不会让你饿肚子。

大多数情况下，其差别不过是眼前的生活费标准高低而已，而往往就是这一点点的差距使我们放弃选择一个正确方向的机会。

在很多时候，我们无法兼顾多方面的情况，所以一定要抓住生命中的主要问题，给自己一个坚定明确的方向：追求生命真正的价值，哪怕舍弃一些眼前的利益。什么都想要，结果会是什么也得不到。把一件事情放到不同的坐标系里去衡量，就如同用不同的手表来确定时间，最后只会把自己搞糊涂：无法知道准确的时间。因此要明确目标，不受干扰。懂得取舍，该放则放。

第五节 卡贝金律：有舍才有得

金律释义

卡贝金律指的是，放弃有时比争取更有意义，放弃是创新的钥匙。如果努力争取的东西与目标无关，或者目前拥有的东西已成为负担，或者劣势大于优势，那么还不如放弃。当你放弃了本不属于你的东西，可能会突然发现，你已经拥有了你曾争取过而又未得到的东西。

它的提出者是美国电话电报公司前总经理卡贝。

在印度的热带丛林里，人们用一种奇特的狩猎方法捕捉猴子：在一个固定的小木盒里面，装上猴子爱吃的坚果，盒子上开一个小口，刚好够猴子的前爪伸进去，猴子一旦抓住坚果，爪子就抽不出来了。人们常常用这种方法捉到猴子，因为猴子有一种习性：不肯放下已经到手的东西。人们总会嘲笑猴子的愚蠢：为什么不松开爪子放下坚果逃命？但如果审视一下一些人类的行为，也许就会发现，并不是只有猴子才会犯这样的错误。

现代社会似乎给我们描绘了一幅幅风和日丽、欣欣向荣的财富画卷，而一个个诗情画意、神乎其神的成功故事，则更令我们激情冲动，意乱情迷。于是，在众多的致命诱惑面前，太多的人忘却了理性的分析和选择，忘却了放弃，而任凭拥有和欲望的野马在陷阱密布的商界里纵横驰骋。殊不知，放弃也是一种战略智慧。学会了放弃，你也就学会了争取。

放弃是一种智慧

　　1964 年的时候，日本松下通信工业公司突然宣布不再做大型电子计算机。当时的松下已经花费了 5 年时间，投入高达 10 亿日元研究开发资金，而研发也很快要进入最后阶段，松下公司突然全盘放弃，需要多么大的胆魄。那个时候的松下经营得十分顺利，财政上也是安全的，所以这一决定成为世界商业史上的一次重要决定。当时的松下幸之助是因为考虑到大型电脑市场竞争十分激烈，一着不慎，就可能使整个公司陷入危机之中，等到那个时候再撤退，可能就为时已晚。这个撤退的决定是正确的，之后的市场正是按照松下的预测行进，像西门子、RCA 这种世界性的公司，都陆续放弃了大型电脑的生产，松下用他的预见能力和全局观念果断地放弃，由此走在了前面。

　　一个青年向一位富翁请教成功之道。富翁拿了 3 块大小不等的西瓜放在青年面前："如果每块西瓜代表一定程度的利益，你选哪块？""当然是最大的那块！"青年毫不犹豫地回答。富翁笑了笑说："那好，请吧！"富翁把那块最大的西瓜递给了青年，而自己吃起了最小的那块。很快富翁就吃完了，随后拿起书桌上的最后一块西瓜得意地在青年面前晃了晃，大口吃了起来。青年马上明白了富翁的意思：富翁吃的瓜虽然不比我的瓜大，却比我吃得多。如果西瓜代表一定程度的利益，那么富翁占的利益自然

人生金律

就更多。

人们往往把目光盯在自己没有的东西上，拼命地去争取，去获得，全不管它对我们有没有用，会不会带来危机，使自己满身都是包袱。交战时，撤退是最难的，是要月智慧的，如果无法勇敢地实施撤退，或许就会受到致命的一击。瑞士军事理论家菲米尼有一句名言："一次良好的撤退，应与一次伟大的胜利一样受到奖赏。"无论个人还是企业，都要学会放弃。当然，我们要的不是无可奈何地放弃。壮士断腕，就是在紧要关头，主动割爱，以期另图出路。这是一种胆略与气魄，也是一种智慧。

第六节　布里丹金律：自古忠孝难两全

布里丹金律又称布里丹之驴、布里丹选择或布里丹困境。指的是，人们在决策中犹豫不决、难作决定的现象。

布里丹金律是从一个外国寓言引申而来的。14 世纪的时候，法国经院哲学家布里丹在一次议论自由问题的时候，讲了一个寓言故事："一头饥饿至极的毛驴站在两捆完全相同的草料中间，可是它却始终犹豫不决，不知道到底应该先吃哪一捆才好，结果活活地被饿死了。""布旦丹驴"就是由这个寓言故事引申出来的，后来被人们用来喻指那些优柔寡断的人。

当然，布里丹金律也是可以避免的，对策有以下的方式：必须果断地抓住时机，确定新的前进方向，集中所有的资源，不遗余力地向新方向进发。这是成功者应该有的前瞻性能力。

不要等"看清了再做"

"看清了再做"只是一种理想的状态，不要去依赖这句话，这种情况在现实决策中是不可能出现的，等你看得非常清楚的时候，所有的竞争对手都已经看得非常清楚了，那么这个战略方向就不可能孕育着"大赢"的机会。所以，当你大致看清楚了一个方向的时候，就必须全力进取，只有这样，才能够有所突破。

其实，没有人可以在全力进入新方向之前准确地看清前行的道路，但为了抓住机会，你必须做出果断的决策。在这个过程中，最怕的就是"浅尝辄止，四面出击"。

在人生道路上，有赢也有输，如果长时间犹豫不决，你所付出的代价可能就会更大。格鲁夫在回忆英特尔转型时谈道："路径选错了，你就会失败。但是大多数人的失败，并不是由于选错路径，而是三心二意，在优柔寡断的决策过程中浪费了宝贵的资源，断送了自己的前途。所以最危险的莫过于原地不动。"选择有可能是错的，但不选择的代价可能更高。严重地说，后者无异于一种慢性自杀。

选择面前不能犹豫

有这样一则寓言，一个企业家，随着事业的发展，手下人员日增，人多嘴杂主意多，逢事必争个高下。这种情况下，企业家很苦恼，他不知道该听谁的好，于是决策就迟迟定不下来，这也就导致了企业运行陷入瘫痪。企业家开始怀疑自己的能力，不敢见人，整日闭门看报学经。无意中，他看见报上介绍一个新的产品，名曰"决策机"，于是就立即买来一台，并严格地按照使用说明进行操作。从此，凡有需决策之事，他就进小黑屋叮叮当当按几下机器，然后转身告诉下属"行"或者"不行"。手下人不明就里，直夸老板变得果断而英明。一日，企业庆功，企业家酒后吐真言，英明者乃"决策机"也。手下大喜，既然如此，我们何不把这个英明的钢铁家伙拆开来研究透了，然后仿制出了来卖？说干就干，切割机开始工作，切开一层又一层，厚厚的彩色钢板终于被切开，核心部件露出了真面目——硬币一枚，一面写着 YES（行），另一面写着 NO（不行）。

如果一个人在面临两难选择的时候，举棋不定或者不知所措，那么最终的结果可能是：轻者错失发展机会，重者一事无成。因此，一个人能否成功，很大程度上取决于能否在两难选择的困境中，做出及时正确的选择。

我们经常会面临两难的选择，选择 A，担心失去 B；选择 B，却又担心失去 A。正是由于这种举棋不定的心理，让我们失去了最佳的决策时机。布里丹金律告诉我们，鱼与熊掌不可兼得，不要犹豫，在最好的时机做出抉择，你才能有成功的机会。

第七节　马太金律：强者愈强，弱者愈弱

马太金律指的是：任何个体、群体或地区，在某个方面，如金钱、名誉、地位等取得了成功和进步，就会产生一种积累优势，也就意味着会有更多的机会取得更大的成功和进步。

马太金律是由美国科学史研究者罗伯特·莫顿在 1973 年正式提出的。莫顿用这一句话概括了社会中存在的一个普遍现象：好的愈好，坏的愈坏，多的愈多，少的愈少。在经济学中，马太金律反映了一种贫者

愈贫、富者愈富、赢家通吃的收入分配不公的经济现象。

要专精自己的领域

《新约·马太福音》中有这样一个故事，一个国王在远行之前，把三个仆人叫到跟前，分别交给三个仆人每人一锭银子，并吩咐他们："现在你们可以去做生意，等我回来的时候，再来见我。"国王旅行回来后召见了三位仆人，第一个仆人说："主人，你交给我的一锭银子，我做生意赚了10锭。"于是国王奖励给他10座城邑。第二个仆人报告说："主人，你给我的一锭银子，我已经赚了5锭。"于是国王奖励给他5座城邑。轮到第三个仆人报告时，这位仆人很得意地说："主人，你给我的一锭银子，我一直包在手巾里存着，我怕丢失，一直没有拿出来。"这位仆人本以为国王会夸奖他的诚实老实，但国王并没有夸奖，反而命令第三个仆人把他的一锭银子赏给第一个仆人，并且说："凡是少的，要将他所有的东西都夺过来。凡是多的，更要给他，叫他多多益善。"这就是马太金律的宗旨。

这个故事中，原本三个仆人的财富都是一样的，但最后却相差悬殊。其实最终差距的是由两个阶段构成的，第一个阶段是国王回来前，他们都各自去做生意，这时的差距是他们自身的因素造成的；第二个阶段则是国王回来后，国王对他们进行奖惩，这时的差距是外界原因所造成的。不过，我们要注意的是，第二阶段所说的外界因素影响，是建立在第一阶段的结果基础上的，而第一阶段的结果又取决于自身因素，所以，开始的时候，自身的一点小差异导致了后来的差异，再后来，差异进一步放大，连锁传导导致马太金律产生。

金律应用

马太金律的例子在实际生活中就可以找到，比如说：地价越拍越高，房子越涨越抢，越抢越涨。在股市狂潮中，最赚的总是庄家，最赔的总是散户。于是，如果不加以调节，普通大众的金钱就会通过这种形态聚集到少数人群的手中，进一步加剧贫富分化。

马太金律对于领先者而言是一种优势累计，当你已经取得一定的成功之后，就更容易取得更大的成功。强者总会更强，弱者反而更弱。物竞天择，适者生存。如果你不想在你所在的领域被打败的话，你就要成为这个领域的领头羊，并且不断扩大。

马太金律既有积极影响也有消极影响。名人更出名，就会导致某些名人丧失理智，居功自傲，在人生的道路上跌跟头，这就是消极影响。而积极的影响是，马太金律不断鞭策无名者奋发，去追求和超越已有的成果。

马太金律告诉我们，如果想在某一个领域保持优势，就必须在这个领域迅速地做大。当你成为某个领域的领头羊时，即使投资回报率相同，你也能更轻易地获得比弱小的同行更大的收益。但如果没有实力迅速在某个领域做大，就要不停地寻找新的发展领域，才能保证获得成功的回报。

第八节　飞轮金律：成功需要坚持不懈的努力

金律释义

飞轮金律指的是人在进入某一新的或陌生的领域时，都会经历的一个过程。在每件事情的开头都必须付出巨大的努力，这样才能使你的事业之轮转动起来，而当你的事业走上平稳发展的快车道之后，一切都会好起来。

为了使静止的飞轮转动起来，一开始你必须使出很大的力气，一圈一圈反复地推，每转一圈都很费力，但每一圈的努力都不会白费，飞轮会转动得越来越快。达到某一个临界点后，飞轮的重力和冲力会成为推动力的一部分。这时，你无须再费更大的力气，飞轮依旧会快速转动，而且不停地转动。

万事开头难，努力再努力

纽可在1965年开始推动飞轮，起初只是试图避免踏上破产的命运，后来则因为找不到可靠的供应商，于是开始建立起第一座自己的钢铁厂。纽可的员工发现，他们有办法把钢铁炼制得比别人好，也比别人便宜，因此后来又建了两座小型炼钢厂，接着又建了三座厂。开始有客户向他们采购，然后又有更多的客户上门！一圈又一圈，年复一年，飞轮累积了充足的动力。到1975年左右，纽可人猛然醒悟，如果他们一直推动飞轮，纽可将可成为美国排名第一、获利率最高的钢铁公司。

克罗格公司总裁、著名的管理专家吉姆·柯林斯运用飞轮金律让公司的5万员工接受他的改革方案。他没有试图一蹴而就，也没有打算用煽情的演讲去打动员工。他的做法是组建了一个高效的团队来"慢慢地但坚持不懈地转动飞轮"——用实实在在的业绩来证明他的方案是可行的，是可以带来效益的。员工看到了吉姆的成绩，越来越多的人对改革充满了信心，他们以实实在在的行动为改革做出贡献，到了某一时刻，公司这个飞轮就基本上能自己转动了。此后，吉姆·柯林斯调查了1435家大企业，经过调查、比较、研究，吉姆吃惊地发现：在从一般公司到卓越公司的转变过程中，根本没有什么"神奇时刻"，成功的唯一道路就是清晰的思路、坚定的行动，而不是所谓的灵感。成功需要我们每个人

人生金律

排除一切的干扰，把精力集中在最重要的事情上，全力以赴地去实现目标。

飞轮金律告诉我们在每件事情的开头都必须付出巨大的努力，这样才能使你的事业之轮转动起来，而当你的事业走上平稳发展的快车道之后，一切就都会好起来。万事开头难，努力再努力，光明就会在前方。

第九节　鲁尼恩金律：不以快慢定输赢

奥地利经济学家R·H·鲁尼恩提出，竞争是一项长距离赛跑，一时的领先并不能保证最后的胜利，阴沟里翻船的事很多。同样，一时的落后并不代表永远的落后，奋起直追，你就会成为笑到最后的人。

笑到最后才算笑

在20世纪初期，汽车还是富人专有的玩具，工人很难消费得起。1903年，亨利·福特建立了福特汽车公司。福特建立公司的目标非常明确，他就是要制造工人们都买得起的汽车。经过多年的精心研制，亨利·福特终于造出了工人阶级也能消费得起的汽车，他的梦想实现了。这种车被叫作T型车，坚固结实，容易操纵，售价是825美元。

1908年，T型车被推向了市场，很受欢迎，当年的销量达到10000多辆。接着，福特不断地削减各种成本，到了1912年，T型车的售价已经降到了575美元，这也是汽车售价第一次低于人们的年均收入。到了1913年，福特汽车的年销量接近25万辆。

一次偶然的机会，福特参观了芝加哥的一家肉品包装厂。

当时他看到肉品切割生产线上的电动车将屠宰后的肉品传送到每位工人面前，工人们只需切割事先指定部位的肉品。福特由此大受启发：要为大众制造汽车，就必须让大众买得起，这意味着必须要建立一种规模经济，进行大规模的生产，才能降低成本。于是，福特为自己的公司也建立了一条汽车装配线。装配线的建立，让福特公司拥有了明显的效率优势，远远胜过竞争对手。1908-1912年间，装配线的建立让汽车售价降低了30%。到了1914年，福特公司的13000名工人生产的汽车超过了26万辆。那一年，其他所有汽车制造商一共才生产了28.7万辆汽车，仅仅比福特公司多出了10%。

1920年，美国经济开始衰退，汽车的需求量也随之减少了。由于福特汽车的成本很低，因此他们能够将自己汽车的价格再降低25%。而这时的通用汽车公司就无法像福特汽车公司那样去做，销售额急剧下滑。到了1921年，福特汽车的销量占据了整个市场份额的55%，而通用汽车公司所有汽车的销量仅仅占了整个市场份额的11%。

在与福特公司的竞争中败下阵来的通用汽车公司总裁斯隆明白，自己不能与福特公司的低成本的T型车竞争。经过权衡利弊，斯隆认为，福特公司虽然只制造了一种类别的汽车，这既是他们的优势，也是他们的劣势，随着人们对汽车需求的改变，产品多样化、消费者分层化应该是汽车发展的一个方向。于是，斯隆为通用汽车公司制定了"满足各类钱袋、各种要求"的汽车新战略，参照人们的经济状况，提供不同价位和档次的产品。

在斯隆的领导之下，通用汽车公司的业绩节节上升。1927年5月，它逼迫亨利·福特不得不关闭了自己钟爱的T型车装配线，转而向产品多样化和分层化方向发展努力。1940年通用汽车公司的市场份额上升到了45%，而福特汽车公司的市场份额则下跌到16%。斯隆的战略取得了辉煌的成就。

金律影响

如果用今天的眼光去看斯隆当年的改革觉得实在再普通不过，而在当时，这是一个具有革命意义的变革。如果斯隆陷入思维定式，只想得到福特汽车公司生产的 T 型车模式，而且永远只想得到 T 型车，那么，他们永远无法突破，永远无法取代福特公司高度集中的管理体系所占据的主导地位，因为那是生产 T 型车的最佳途径。但福特公司的管理体系只完全关注公司内部的事务，也就是生产本身，而斯隆的设计结构则让通用公司更加贴近了市场，适应性更强，而且能够不断成长发展。

而亨利·福特恰恰没有想到，当人们都拥有了汽车，他们的生活也就发生了彻底的改变。某人购买了一辆汽车，可能这只能代表是他购买的第一辆汽车。而福特从来没有想到，人们还有可能购买第二辆、第三辆，更乐意购买更好的汽车，这种汽车会更加的舒适、强劲、时尚。于是，伴随着美国经济的繁荣发展和分期付款购物方式的出现，越来越多的人能买得起更好的汽车了。

一位曾经独自创造了未来的伟人，无法忘怀自己昔日的辉煌。假如福特没有沉醉于自己过去的那些创造之中，他肯定能预见即将到来的这些变化。但他反应太慢，最终被自己的竞争对手远远地甩在了后面。当然，亨利·福特的短视并没有使公司走向毁灭，他通过战略调整，最终使公司存活了下来。但有些人就没有这么幸运了，他们付出了更加昂贵的代价。

鲁尼恩金律告诉我们，所有的事情都不能只靠一次计划决定结果，每个成功的目标都需要不断地修正，要记住：笑到最后的才是赢家。

第十节　出丑金律：超越自己，但不苛求自己

金律释义

出丑金律指的是，一个才能平庸的人固然不会受人倾慕，但这并不代表那些全然无缺点的人讨人喜欢。要说最讨人喜欢的人，其实是那种精明而带有小缺点的人，这种现象被称为"出丑金律"。即精明人不经意犯点小错，不仅瑕不掩瑜，反而更使人觉得他具有和别人一样会犯错的缺点，让人更加喜爱他。

曾经有一位著名的心理学教授做过一个试验：4个被测试者，分别看4段情节类似的访谈录像。第一段录像里，一个非常优秀的成功人士接受主持人访谈，这个人在自己所从事的领域里取得了辉煌的成就，主持人采访他的时候，他的态度非常自然，谈吐不俗，表现得非常有自信，没有一点羞涩的表情。这位成功人士的精彩表现，赢得台下观众的阵阵掌声。第二段录像中，也是位非常优秀的成功人士接受主持人的访谈，但他与第一位略有不同的是，在台上的表现有些羞涩，当主持人向观众介绍他所取得的成就时，他竟然非常紧张，不小心把桌上的咖啡杯都碰倒了，咖啡淋湿了主持人的裤子。第三段录像中，是一个非常普通的人接受主持人访谈，这个人和上面两位成功人士不同，他没有什么值得炫耀的成绩，整个采访过程中，虽然不太紧张，但也没有什么吸引人的发言，一点也不出彩。第四段录像中也是个很普通的人

人生金律

接受主持人访谈，整个采访过程中，他表现得非常紧张，和第二段录像中的成功人士一样，他也把身边的咖啡杯弄倒了，将主持人的衣服淋湿了。当这4段录像放完后，教授让测试对象从这4个人中选出一位最喜欢的，选出一位最不喜欢的。

你能猜到测试的结果是什么吗？不受测试者们喜欢的当然是第四段录像中的那位先生了，几乎所有被测试者都选择了他，而奇怪的是，最让测试者们喜欢的不是第一段录像中的那位成功人士，而是第二段录像中打翻了咖啡杯的那位，有95%的测试者都选择了他。

不要苛求完美

生活中，对于那些取得过突出成就的人而言，一些微小的失误，例如打翻咖啡杯这样的细节，不仅不会影响人们对他的好感，相反，还会让人们从心理上感觉到他很真诚，值得信任。但如果一个人表现得完美无缺，我们从表面看不到他的任何缺点，反而会让大家觉得不够真实，恰恰会降低他在他人心目中的信任度，因为一个人不可能是没有任何缺点的，尽管别人不知道，他心里对自己的缺点也是心知肚明的。

有一位挑水夫，他有两个水桶，分别吊在扁担的两头，其中一个桶有裂缝，另一个则完好无缺。在每次长途的挑运中，完好无缺的桶，总是能将满满一桶水从小溪边送到主人家中，但是有裂缝的桶到达主人家时，只剩下半桶水。两年来，挑水夫就这样每天挑一桶半的水到主人家。当然，好桶对自己能够送满整桶水感到很自豪，而破桶则对于自己的缺陷感到非常羞愧，它为只能负起一半的责任而难过。

饱尝了两年失败的苦楚，破桶终于忍不住了，在小溪旁对挑水夫说："我很惭愧，必须向你道歉。"

"为什么呢？"挑水夫问道，"你为什么觉得惭愧？"

"过去两年，因为水从我这边漏掉了，你只能送半桶水到主人家，我的缺陷，使你做了全部的工作，却只收到一半的成果。"破桶说。

没想到，挑水夫蛮有爱心地说："我们回到主人家的路上，我要你留意路旁盛开的花朵。"

走在回家的山坡上，破桶突然眼前一亮，它看到缤纷的花朵开满了路的一旁，沐浴在温暖的阳光之下，这景象使它开心了很多。

但是，走到小路的尽头，它又难受了，因为一半的水又在路上漏掉了！破桶再次向挑水夫道歉。挑水夫温和地说："你有没有注意到小路两旁，只有你的那一边有花，好桶的那一边却没有开花吗？我明白你有缺陷，因此我善加利用，在你那边的路旁撒了花种，每次我从小溪边回来，你就替我一路浇了花。两年来，这些美丽的花朵装饰了主人的餐桌。如果你不是这个样子，主人的桌上也没有这么好看的花朵了。"

破桶听了之后，心情终于释然了。"木桶"的不完美成就了路面鲜花的完美，可以这样说，一种不完美往往是另一种完美的代言。当生命中有个小小的缺口，不要悲观怨叹，因为它可能让我们永远有追求幸福的动力。我们要正视缺陷，不要苛求完美。过于苛求完美，则很可能遭遇失败。

出丑金律告诉我们，我们要在思想上不断地努力超越自己，但并不是追求尽善尽美。每个人的智商、能力都差不多，要想既当个好经理，又当个好丈夫、好父亲、好儿子、好朋友，这是不现实的。如果你想在某一方面超越别人，做出成绩，那么在其他方面就可能做出牺牲，甚至出现出丑现象，这样才会集中你的时间、精力、财力、物力、关心，在某一点上取得突破，取得成功。虽然你的生活是不够完美的，在你主攻方向以外的方面，会有许多缺点和遗憾，但这不妨碍你成为一位成功而快乐的人。

第十一节 青蛙金律：居安思危，有备无患

金律释义

人天生就是有惰性的，总愿意安于现状，不到迫不得已多半不愿意去改变生活的现状。若一个人久久沉迷于这种无变化、安逸的生活就往往忽略了周遭环境变化，当危机到来时就像那只青蛙一样只能坐以待毙。这就是青蛙金律。

青蛙金律源于19世纪末美国康奈尔大学曾进行的一次著名的"青蛙试验"。他们将一只青蛙放在盛满沸水的大锅里，青蛙触电般地立即蹿了出去。后来，人们又把它放在一个装满凉水的大锅里，任其自由游动。然后用小火慢慢地加热，青蛙虽然可以感觉到外界温度的变化，却因惰性而没有立即往外跳，直到后来热度难忍而失去逃生能力最终被煮熟。

青蛙金律启示我们，竞争环境的改变大多都是渐热式的，如果我们对环境之变化没有疼痛的感觉，最后就会像这只青蛙一样，被煮熟、淘汰了却仍不知道。一个人不要满足于眼前的既得利益，不要沉湎于过去的胜利和美好愿望之中，如果忘掉危机地逐渐形成，看不到失败一步步地逼近，最后就会像青蛙一般在安逸中死去。要居安思危，适度加压，使处于危境而不知危境的我们猛醒，使放慢的脚步加快，不断超越自己，超越过去。

未雨绸缪、居安思危、有危机意识是我们应该从青蛙金律中领悟到的。在生活和事业上都是如此，逆水行舟，不进则退。回顾一下过去，当我

们遇到挫折和困难的时候，常常激发了自己的潜能。而一旦趋向平静，便耽于安逸、享乐、奢靡、挥霍的生活，这样就会不断遭遇失败。

金律启示

可口可乐，作为世界软饮料行业最卓越的公司。当 Roberto Goizueta 接任可口可乐的 CEO 时，他向高层主管们提出了这么几个问题：

"世界上 50 亿人口每人每天消耗的液体饮料平均是多少？"

"64 盎司。"（1 盎司约为 31 克）

"那么，每人每天消费的可口可乐又是多少呢？"

"不足 2 盎司。"

"那么，在人们的肚子里，我们的市场份额是多少？"

Roberto Goizueta 这一系列问题正说明了一个公司和个人都应该时刻充满危机感和不满足感。今天的成功并不意味着明天的成功。只有不断地保持自己的危机意识，设定远大的目标，才不会在生活中被打败；你只有时刻保持着面临危机的心态，你才能在真正的危机到来时，临危不乱。

青蛙金律对我们的启示是"生于忧患，死于安乐"。人天生就有惰性，总愿意安于现状，不到迫不得已多半都不愿意去改变已有的生活。如果一个人久久沉迷于这种无变化而安逸的生活中，就会忽略了周遭环境的变化，当危机到来时就像那只青蛙一样，只能坐以待毙。

第十二节　瓦拉赫金律：激活自己的智能强点

金律释义

人的智能发展都是不均衡的，都有智能的强点和弱点，他们一旦发现自己智能的最佳点，使智能潜力得到充分的发挥，便可取得惊人的成绩。这一现象被人们称之为"瓦拉赫金律"。

奥托·瓦拉赫是诺贝尔化学奖获得者，他的成才过程极富传奇色彩。瓦拉赫在开始读中学时，父母为他选择的是一条文学之路，不料一个学期下来，老师为他写下了这样的评语："瓦拉赫很用功，但过分拘泥。这样的人即使有着完善的品德，也绝不可能在文学上发挥出来。"此时，父母只好尊重儿子的意见，让他改学油画。可瓦拉赫既不善于构图，又不会润色，对艺术的理解力也不强，成绩在班上是倒数第一，学校的评语更是令人难以接受："你是绘画艺术方面的不可造就之才。"面对如此"笨拙"的学生，绝大部分老师认为他已成才无望，只有化学老师认为他做事一丝不苟，具备做好化学实验应有的品格，建议他试学化学。父母接受了化学老师的建议。这下，瓦拉赫智慧的火花一下被点着了。文学艺术的"不可造就之才"一下子就变成了公认的化学方面的"前程远大的高材生"。

马克·吐温作为职业作家和演说家可谓名扬四海，取得了极大的成功。

你也许不知道，马克·吐温在试图成为一名商人时却栽了跟头，吃尽苦头。

马克·吐温曾投资开发打字机，因受人欺骗，赔了19万美元。马克·吐温看见出版商因为发行他的作品赚了大钱，心里很不服气，也想发这笔财，于是他开办了一家出版公司。经商与写作毕竟风马牛不相及，马克·吐温很快陷入困境，赔了近10万美元。这次短暂的商业经历以出版公司破产倒闭告终，作家本人也陷入债务危机。

经过两次打击，马克·吐温终于认识到自己毫无商业才能，遂绝了经商的念头，开始在全国巡回演说。这一回，风趣幽默、才思敏捷的马克·吐温完全没有了商场中的狼狈，重新找回了感觉。马克·吐温很快摆脱了失败的痛苦，在文学创作上取得了辉煌的业绩。到1898年，马克·吐温还清了所有债务。

发现自己，扬长避短

一个人唯有真正了解自己，才能找到真正属于自己的位置，进而成就自己的事业。正确地认识自己，对于心灵的健康是十分有益的。1952年11月9日，爱因斯坦的老朋友、以色列首任总统魏茨曼逝世。以色列驻美国大使多次向爱因斯坦转达了以色列总理本·古里安的信，正式提请爱因斯坦为以色列共和国总统候选人。不久，爱因斯坦在报上发表声明，正式谢绝出任以色列总统。在爱因斯坦看来，"当总统可不是一件容易的事。我整个一生都在同客观物质打交道，因而既缺乏天生的才智，也缺乏经验来处理行政事务以及公正地对待别人"。的确，爱因斯坦研究科学比治理国家会更得心应手一些。每个人都有自己擅长和不擅长的东西，如果能够扬长避短，那么每个人都会是天才。

人生在世，重要的是认识自己，只有正确地认识自己，才能正确地认识别人，才能正确地评价自己和评价别人。每个人都要正确地认识自己，对自己有一个正确的定位，这样才不会走错路。

第十三节 糖果金律：成功也许就在你即将放弃的那一刻

金律释义

小时候自控力、自信心强的人，长大后也能是一个乐观、坚定的人，会有更大的机会取得成功。这就叫"糖果金律"。

萨勒对一群都是 4 岁的孩子说："桌上放 2 块糖，如果你能坚持 20 分钟，等我买完东西回来，这两块糖就给你。但你若不能等这么长时间，就只能得一块，现在就能得一块！"这对 4 岁的孩子来说，很难选择——孩子都想得 2 块糖，但又不想为此熬 20 分钟；而要想马上吃到嘴，又只能吃一块。

实验结果：2/3 的孩子选择宁愿等 20 分钟得 2 块糖。当然，他们很难控制自己的欲望，不少孩子只好把眼睛闭起来傻等，以防受糖的诱惑，或者用双臂抱头，不看糖，或唱歌、跳舞。还有的孩子干脆躺下睡觉——为了熬过 20 分钟！1/3 的孩子选择现在就吃一块糖。实验者一走，1 秒钟内他们就把那块糖塞到嘴里了。

经 12 年的追踪，凡熬过 20 分钟的孩子（已是 16 岁了），都有较强的自制能力，自我肯定，充满信心，处理问题的能力强，坚强，乐于接受挑战；而选择吃 1 块糖的孩子（也已 16 岁了），则表现为犹豫不定、多疑、妒忌、神经质、好惹是非、任性，经不起挫折，自尊心易受伤害。

金律体现

糖果金律在我们的日常生活中都有体现。你有没有过这样的经历：在一个公交站等车，车过去了一辆又一辆，但都不是你要等的那趟车。时间已经过去很长时间了，你终于等不起了，招手叫了一辆出租车。当你刚坐上车的一刹那，你发现你所等的那趟车正徐徐开来。

当然，这只是生活中的一件再普通不过的小事。一个人要想获得更大的成功，就要学会抵制诱惑。现代社会存在太多的诱惑，它们总是展示迷人的一面，引诱我们渐渐远离自己的理想与目标。每个人都会面对种种诱惑，学生做作业时，会受到游戏的诱惑。小孩子即使生了蛀牙，也会受到糖果的诱惑。减肥者会受到食物的诱惑。你可以利用糖果金律让自己放弃眼前的小利益，通过自己的努力和坚持取得更大的成功。在教育孩子时，要让他学会抵制诱惑，从而取得更大的进步。

成功也许就在你即将放弃的那一刻。因此，我们在生活中要善于抵制诱惑，不被眼前的小利益所迷惑，不做诱惑的俘虏，争取获得更大的成功。

第5章

事半功倍的捷径——管理规划金律

职场是梦想的舞台。但梦想的舞台注定是有酸甜苦辣，是五味杂陈的，有时甚至是灰暗的，要想在其中生存发展，就需要深刻地解读它的游戏规则。只有悟透其中的各种规则，才能在"舞台"上处理好人际关系，才能顺风顺水。

第一节　鸟笼金律：要多用发散思维去思考

金律释义

鸟笼金律是一个著名的心理现象，是近代杰出的心理学家詹姆斯发现的。这个金律指的是：当一个人买了一个空的鸟笼放在自己家的客厅里，在一段时间之后，他一般会丢掉这个鸟笼或者去买一只鸟放进鸟笼来养。其实质意义就是人们会在偶然获得一件原本不需要的物品的基础上，自觉不自觉的继续添加更多自己不需要的东西。

1907年，著名心理学家詹姆斯和物理学家卡尔森从哈佛大学退休了。一天，他们俩打了一个赌。詹姆斯说："老伙计，我一定会让你不久就养上一只鸟的。"卡尔森笑着摇头说："我不信！因为我从来就没有想过要去养一只鸟。"没过几天，是卡尔森的生日，詹姆斯于是送给他一样礼物——一只精致的鸟笼。卡尔森笑纳了，并强调说："我只当它是一件精美的工艺品。"不过从那天以后，每次有客人到家里做客，看到卡尔森书桌上那个精致的、空荡荡的鸟笼，便会问："教授，您养的鸟什么时候死了？"卡尔森只好一次次耐心地解释道："我从来就没有养过鸟。"虽然态度很诚恳，但客人的目光却分明透露出不信任。最后出于无奈，卡尔森只好买了一只鸟。这就是詹姆斯著名的鸟笼金律。

人生金律

这个道理很简单：当这个主人买回鸟笼，可能并没想过要养鸟。但即使这个主人长期对着空鸟笼并不别扭，但每次来访的客人都会很惊讶地问这个空鸟笼是怎么回事，或者把怪异的目光投向空鸟笼，每次如此。于是，最后导致主人无法忍受每次都要进行解释的麻烦，于是就会发生主人丢掉鸟笼或者买只鸟回来相配的现象。同样，"鸟笼金律"也被称为"空花瓶金律"。一个女孩的男朋友送给她一束花，她很高兴，特意让妈妈从家里带来一只水晶花瓶，结果为了不让这个花瓶空着，女孩的男朋友就必须隔几天就送花给她。当然这是鸟笼金律的一种甜蜜的体现。

惯性思维多了就是呆板思维

　　五金店里面来了一个哑巴，他想买一个钉子。他对着服务员左手做拿钉子状，右手做握锤状，用右手锤左手。服务员给了他一把锤子。哑巴摇摇头，用右手指左手。服务员给了他一枚钉子，哑巴很满意，就离开了。这时五金店又来了一个盲人，他想买一把剪刀。这个盲人怎样以最快捷的方式买到剪刀呢？他只要用手作剪东西状就可以了。错了，盲人只要开口讲一声就行。

　　惯性思维有其可取之处，但一味地用惯性思维去思考问题，去指导实际行动，就容易束缚思想，落后于发展变化的形势，就会形成一种迂腐的思维怪圈，造成故步自封的局面。在解放思想的道路上，我们首先要破除惯性思维，实现思想观念的更新、思维方式的变革、精神状态的改造。这样才能走出一条新路。

　　由此可知，鸟笼金律也从另一个侧面告诉我们，大多数时候人们都受制于强大的惯性思维：鸟笼必定用于养鸟，结婚必先置办新房，社会必然分三六九等。这种惯性思维的益处是，能够帮助我们迅速快捷地认知和适应周围世界。然而，过犹不及，如果把惯性思维扩展到生活的每一个角落，就会成为一种刻板思维。鸟笼如果设计精巧，其实可以作为观赏品；号称"裸婚"的先结婚后置房，已逐渐为 80 后所接受；在北欧诸国，由于贫富差距极小，社会公平观念深入人心。所以，不妨偶尔尝试突破鸟笼逻辑，进行发散思维，也许鸟笼之外还有另外一片新天地。

第二节　彼得金律：找个游刃有余的发展空间

金律释义

彼得金律是管理学家劳伦斯·彼得，根据千百个有关组织中不能胜任的失败实例的分析，而归纳出来的。其具体内容是："在一个等级制度中，每个职工趋向于上升到他所不能胜任的地位。"

彼得指出，每一个职工由于在原有职位上表现好，就将被提升到更高一级职位；其后，如果继续胜任则将进一步被提升，直至到达他所不能胜任的职位。由此彼得推论出："每一个职位最终都将被一个不能胜任其工作的职工所占据。"每一个职工最终都将达到彼得高地，在该处他的提升可能为零。至于如何提升到这个高地，有两种方法。其一，是上面的"拉动"，即依靠裙带关系和熟人等从上面拉；其二，是自我的"推动"，即自我训练和进步等。而前者是被普遍采用的。

彼得认为，由于彼得金律的推出，使他"无意间"创设了一门新的科学—层级组织学。该科学是解开所有阶层制度之谜的钥匙，因此也是了解整个文明结构的关键所在。凡是置身于商业、工业、政治、行政、军事、宗教、教育各界的每个人都和层级组织息息相关，亦都受彼得金律的控制。

人们总是以为官当得越大越好，可是仔细观察，这种盲目往上爬的牺牲者比比皆是。

人生金律

为了便于分析，我们把员工分成三级：胜任、适度胜任以及不胜任。

金律启示

克雷曼是安泰汽修公司的杰出技师，他非常喜爱自己的职业，因此，当公司有意调升他做行政工作时，他很想予以回绝。克雷曼的太太艾玛，她鼓励先生接受升迁机会。如果克雷曼升官，全家的社会地位、经济能力也会更上一层。如此一来她就有能力换部新车，添购新装，还可以为儿子买辆摩托车。克雷曼虽然并不喜欢办公室里枯燥乏味的工作，但在太太的劝服之下，他终于屈服了。升任6个月之后，克雷曼经常加班加点，工作时间冗长不堪，但却毫无成就感。巨大的心理压力导致他下班回家后脾气暴躁，还得了胃溃疡。由于彼此不停的指责和争吵，克雷曼夫妇的婚姻彻底失败了。

另外一个相反的例子是这样的。哈里斯是克雷曼的同事，他也是安泰公司的优秀技师，而且老板也打算提升他。哈里斯的太太莉莎非常了解先生很喜欢目前的工作，他一定不愿意花更多的时间坐办公室，负更多责任。利莎没有强迫哈里斯去做一个他不喜欢的工作。因此，哈里斯继续当一名技师，将胃溃疡留给克雷曼独享。哈里斯一直保持开朗的个性，在社区里是个广受欢迎的人物，工作之余，他还担任社区里青年团体的领袖。哈里斯的老板知道他是公司不可或缺的宝贵资产，所以为他提供了优厚的红利、稳定的工作，于是，哈里斯买了一辆新车，为莉莎添购新装，也为儿子买了一辆自行车和一副棒球手套。哈里斯一家过着舒适美满的家庭生活，他们夫妇幸福的婚姻令亲朋好友非常羡慕。这些其实正是克雷曼太太梦寐以求。

对个人而言，虽然我们每个人都期待着不停的升职，但不要将往上

爬作为自己的唯一动力。与其在一个无法完全胜任的岗位勉强支撑，无所适从，还不如找一个自己能游刃有余的岗位好好发挥自己的专长。

第三节　倒金字塔金律：自主比强加的效率高

金律释义

倒金字塔管理法最早由瑞典的北欧航空公司（SAS公司）总裁杨·卡尔松提出，"倒金字塔"管理法的主要方法是：让员工承担责任，这样可以释放出隐藏在他们体内的能量。

20世纪70年代末，石油危机造成世界范围内的航空业不景气，瑞典的北欧航空公司也不例外，每年亏损2000万美元，公司濒于倒闭。在这个危机时刻，一位朝气蓬勃、极具领导才能的年轻人——杨·卡尔松受命于危难之中，担任了北欧航空公司的总裁。卡尔松利用3个月时间，在仔细研究了公司的状况后，向所有员工宣布，他要实行一个全新的管理方法。他给它起名字叫"Pyramid Upside Down"，简称叫倒金字塔管理法。

卡尔松认为："人人都想知道并感觉到他是别人需要的人。""人人都希望被作为个体来对待。""给予一些人以承担责任的自由，可以释放出隐藏在他们体内的能量。""任何不了解情况的人是不能承担责任的；反之，任何了解情况的人是不能回避责任的。"

结果，实行新管理法一年后，北欧航空公司赢利5400万美元。这一奇迹在欧洲、美洲等广为传颂。

金律启示

美国商人佩提这天要乘飞机从斯德哥尔摩到巴黎参加地区会议。当佩提先生到达机场后，一摸口袋，吓了一跳，发现没带飞机票。世界上各个国家的航空公司规定都是一样的，没有机票是不能够办理登机手续的。正在这个时候，SAS 公司的一位小姐款款走来说"Can I help you？"佩提着急地说你帮不了，可是小姐还是笑眯眯地说，您说出来或许我能帮助你。佩提说我没带飞机票，丢在饭店了。没想到小姐说：这事很好办。小姐给了他一张纸条，让他拿着先去办登机手续，剩下的事情由她来处理。佩提先生到了登机的地方很顺利就办好了，拿到了登机卡，过了安检，到了候机厅。当飞机还有十分钟就要起飞的时候，刚才那位小姐把他的机票交给了他。佩提先生一看果然是自己落在饭店的机票。那么小姐是怎么把机票拿到的呢？她拨通了饭店的电话后是这样说的："请问是 XX 饭店吧，请你们到 411 号房间看看是否有一张写着佩提先生名字的飞机票，如果有的话，请你们用最快的速度用专车送往阿兰德机场，一切费用由 SAS 公司支付。"是什么力量使她这样做呢？就是"倒金字塔"管理法，因为它把权力充分地赋予了一线工作人员。

"倒金字塔"管理法改变了传统的上令下行的管理方式，其核心就是人人都要承担责任，可以对分内的事情做出决定，不必事事上报。而总裁只负责对政策的执行进行观察、监督、推进。其目的是让每个员工可以自由发挥，释放自己的工作热情。这样就会使自己甚至是整个企业的工作效率大大提高。

第四节　蘑菇管理金律：虚怀若谷的智慧

金律释义

蘑菇长在阴暗的角落，得不到阳光，也没有肥料，自生自灭，只有长到足够高的时候才会开始被人关注，可此时它自己已经能够接受阳光了。人们将这种现象称之为"蘑菇效应"。蘑菇管理是大多数组织对待初入门者、初学者的一种管理方法。

蘑菇管理这一说法来自于 20 世纪 70 年代一批年轻的电脑程序员。由于当时许多人不理解他们的工作，对他们持怀疑和轻视的态度，所以年轻的电脑程序员就经常自嘲"像蘑菇一样地生活"。蘑菇管理是许多组织对待初出茅庐者的一种管理方法，初学者被置于阴暗的角落（不受重视的部门或打杂跑腿的工作），浇上一头大粪（无端的批评、指责、代人受过），任其自生自灭（得不到必要的指导和提携）。让初入门者当上一段时间的"蘑菇"，可以消除他们不切实际的幻想，从而使他们更加接近现实，更实际、更理性地思考问题和处理问题。

但用发展的眼光来看，蘑菇管理有着先天的不足：一是太慢，还没等它长高长大，恐怕疯长的野草就已经把它盖住了，使它没有成长的机会；二是缺乏主动，有些本来基因较好的蘑菇，一钻出土就碰上了石头，因为得不到帮助，结果胎死腹中。因此，领导者应当注意的是，这一过程不可过长，时间太长便会使其消极退化乃至枯萎，须知不给阳光不给关爱不仅仅是任其自生自灭，而且更是对其成长的抑制。如何让他们成功地走过生命中的这一段，尽快吸取经验、成熟起来，才是领导者所应

人生金律

当考虑的。蘑菇管理是一种特殊状态下的临时管理方式，管理者要把握时机和程度，被管理者一定要诚心领会，早经历早受益。

吃得苦中苦，方为人上人

古人云："吃得苦中苦，方为人上人。"吃苦受难不一定是坏事，特别是那些刚刚走入社会、走上工作岗位的年轻人，当一段时间的"蘑菇"，能够消除很多不切实际的幻想，也能够更好地认识形形色色的人与事，为今后的发展打下坚实的基础。

有人说，吃苦耐劳是成功的秘诀，也是走向成功前应该具备的基本素质。有道是"苦尽甘来"，当你通过勤劳苦干，让自己的能力获得一定程度的提升时，自然能把握住更多的机遇，走向成功。

对每个职场新人来说，如何高效率地走过人生的这一段，从中尽可能汲取经验，成熟起来，并树立良好的值得信赖的个人形象，是不可回避、必须面对的课题。其实不仅是做新人，做人都需要谦虚。虚怀若谷，总是很能令人欣喜的。

卡莉·费奥丽娜从斯坦福大学法学院毕业后，第一份工作是在一家地产经纪公司做接线员，她每天的工作就是接电话、打字、复印、整理文件。尽管父母和朋友都表示支持她的选择，但很明显这并不是一个斯坦福毕业生应有的工作。她毫无怨言，在简单的工作中积极学习。一次偶然的机会，几个经纪人问她是否还愿意干点什么，于是她得到了一次撰写文稿的机会，就是这一次，她的人生从此改变。这位卡莉·费奥丽娜就是现在的惠普公司的CEO。

一个组织，一般对新进的人员都是一视同仁，从起薪到工作都不会有大的差别。无论你是多么优秀的人才，在刚开始的时候都只能从最简单的事情做起，"蘑菇"的经历对于成长中的年轻人来说，就像蚕茧，是羽化前必须经历的。

"蘑菇效应"很形象地诠释了多数人的工作经历：一个刚参加工作的人总是先做一些不起眼的事情，而且得不到重视。当他默默无闻地工作一段时间后，如果工作出色就逐渐被人关注并得到重用；如果工作不出色就逐渐被边缘化，甚至被人遗忘。从传统的观念上讲，这种"蘑菇经历"不一定是什么坏事，因为它是人才"蜕壳羽化"前的一种磨炼，它可以消除一些不切实际的幻想，从而使人更加接近现实，能够更加理性地思考和处理问题，对人的意志和耐力的培养具有促进作用。

第五节　安泰金律：众人划桨开大船

金律释义

安泰金律指的是一旦脱离相应的条件就失去某种能力的现象。因此，要学会依靠大家、依靠集体去解决问题。

安泰是大地女神盖娅和海神波塞冬的儿子，居住在利比亚力量无穷的他脾气非常暴躁。只要有人走过他的土地，安泰就会强迫他们跟自己摔跤，当然没人能赢得过他。于是，可怜的路人们就这样被安泰杀死了。安泰长年累月地杀掉那些路过利比亚的人们，拆掉他们的骨头，好为自己的父亲修建庙宇。

他的恶行激怒了希腊诸神，可是，却没人愿意去讨伐他。直到有一天，大力神海格立斯路过了安泰居住的森林。

这是一个宁静的下午，树木们静静地站着，偶尔抬头，用看过了千年沧桑的镇定眼神和飘过的浮云打着招呼，那安静，也就穿过云层，遍布了整个天空。忽然，一声怒吼划破了这片宁静，像锋利的刺刀，一刀刺穿了整个森林的沉默。一场激战，就要发生。

安泰怒目圆睁，凶旱地朝海格立斯发动了猛烈的攻击。海格立斯却抓着他的胳膊，轻松地将他拎了起来，安泰挣扎了几下，就停止了努力，他似乎己经耗尽了全身的力气。海格立斯轻蔑地一笑，将他扔了出去。

忽然，奇迹发生了。原本已经全身无力的安泰，一接触到大地，身形马上胀大了一倍，又晃晃悠悠地朝海格立斯走了过去，每一步，都震得森林里的鸟儿们乱飞乱撞。"啊！"安泰怒吼着，朝海格立斯一头撞了过去。海格立斯再次将安泰摔倒在地。安泰再次精神饱满地站了起来，继续发动攻击。

如此三次之后，海格立斯终于发现了安泰的秘密，原来，每次一接触到大地，安泰就能从大地汲取能量。机智的海格立斯这次抓起安泰，将他高高地举在空中，直到他垂下软绵绵的手臂，再也无力挣扎，直到他停止了呼吸，永远闭上了那双凶狠的眼睛……

安泰告别了大地的怀抱，永远无法再生机勃勃地站在母亲面前。海格立斯成了万世称颂的伟大英雄。

后来，人们把一旦脱离相应条件就失去某种能力的现象称为"安泰金律"。

金律启示

没有群众的支持，任何事物都是软弱无力的。水失鱼，尤为水；鱼无水，不成鱼。学生失去了班集体，生活和学习因孤立无助而事倍功半；老师失去了学生的拥护和支持，能力再强也会马上变得软弱无力；员工失去了老板，再强的能力也无处发挥；老板失去了员工，再多的金钱也完不成工作；伯乐和千里马，少了谁，都不可能发挥出真正的作用。因此，要学会依靠大家，依靠集体，"我为人人"才有可能"人人为我"。失去了力量的源泉，能力再强，都终有失败的时候。

人，从原始社会时期开始，就是一种群居性动物。人类的生存离不开环境，人类的生活离不开社会。无论是日常生活还是工作，都需要环境的"滋养"和集体的协作才能够有条不紊地进行。

释迦牟尼曾经问他的弟子："怎么样才能让一滴水不干涸呢？"弟子们冥思苦想，怎么也想不出办法来。能有什么办法呢？那么小小的一滴水，随便一阵清风就能够把它吹干，随便一撮土就能够把它吸干，这么微弱的生命，怎么可能不干涸呢？弟子们想。

释迦牟尼微微一笑，对弟子们说："把这滴水放到海洋里去，它将永不会干涸。"弟子们这才恍然大悟。

生活，不可能一个人去战斗。一个人的智商再高，忍耐力再强，思维再清晰，也只是一个人的力量。一个人的力量，就像一滴水，放在生活的高温之下，蒸发掉用不了十万分之一秒。

一株小草繁茂不了整片草地，一朵鲜花芬芳不了整座花园，一棵小树茂盛不了整个森林，一颗星星照亮不了整个夜空。把自己融入集体中去，把你身边所有正面的能量聚集在一起，你才能擎起一个完整的人生，使自己的生命变得美好。

第六节　过度理由金律：水不激不跃，人不激不奋

金律体现

过度理由金律是指，每个人都企图让自己和别人的行为看起来合理，于是就会为自己的行为寻找合理的理由辩解，一旦找到了足够的理由，就很少再去深思自己的行为是对还是错。

1971年，德西和他的助手做了一个实验，证明了过度理由金律的存在。他以大学生为实验者，请他们分别单独解决测量智力的问题。

这个实验分成三个阶段：第一阶段，每个实验者都自己解题，不给任何奖励；第二阶段，实验者被分为两组，A组的实验者在解决一个问题之后就会得到1美元的报酬，B组则不给；第三阶段，自由休息时间，实验者想做什么就做什么。目的是考察接受实验的这些人是否维持对解题的兴趣。

实验结果表明，没有奖励的一组休息的时候仍然继续解题，而奖励的那组虽然在给报酬的时候十分努力地解题，但在不能获得报酬的休息时间里，明显地失去了解题的兴趣。A组的金钱奖励，作为外加的过度理由，造成明显的过度理由金律，使A组的被试者用获取奖励来解释自己解题的行为，从而使自己原来对解题本身有兴趣的态度出现了变质。到了第三阶段，奖励一旦失去，态度已经改变的那些实验者，没有奖励的时候就没有继续解题的理由，而B组被试的人对解题的兴趣，没有受到过度理由金律的损害，因而，第三阶段仍继续维持着对解题的热情。

鼓励会激发人自尊心和上进心

　　表扬、鼓励和信任，往往能激发一个人的自尊心和上进心。但奖励的原则应是精神奖励重于物质奖励，否则易造成"为钱而工作"的心态。同时奖励要抓住时机，掌握分寸，不断升华。在给予恰当物质奖励的同时，还必须让职员认为他自己勤奋，上进，喜欢这份工作，喜欢这家公司，而不能简单地把工作与待遇挂钩。

　　走近互联网巨头 Google 公司的总部，人们会发现这里丝毫没有大公司那种紧张严肃的气氛，所有的员工看上去都很放松。他们享受着许多公司不具有的特别待遇，比如可以在公司里接受免费的按摩，可以打乒乓球、游泳或者到一间冰淇淋"吧"里去小憩一会儿，还可以免费吃到由大厨用有机原料做的饭菜。不仅如此，雇员们还被鼓励将其五分之一的工作时间用于任何形式的户外活动。这种休闲，甚至散漫的工作状态，在一些批评者看来是网络泡沫经济的显著表现，但 Google 却正是靠着这种方式，成功地将一批年轻的技术精英凝聚起来，并使其能量得到最大限度的释放，从而为公司赚得大把钞票。

　　激励是一种策略，更是一种艺术，它应包括精神上的沐浴，而不是单纯的物质刺激。要想使一个人持续不断地努力，应该激发其内在的动力，而不能只靠外在奖励。

第七节　共生金律：集体的力量

金律释义

　　自然界有这样一种现象：当一株植物单独生长的时候，显得矮小、单调，而与众多同类植物一起生长的时候，则根深叶茂，生机盎然。植物界这种相互影响、相互促进的现象，被称之为"共生金律"。

最早对共生现象和理论进行研究的是一位生物学家，1879年德国真菌学家德贝里首先提出了共生概念。一百多年来，在科学研究和社会经济都取得了巨大进步和发展的今天，对于"共生"现象和理论的研究已由生物学领域逐渐渗入和延伸到社会学、管理学等诸多领域，并已初见成效。事实上，人类群体中也存在"共生金律"，即共生系统中的任一个成员都因这个系统而获得比单独生存更多的利益，即所谓"1+1>2"的共生现象。

人才的"共生金律"有两方面含义：一是指引入一个杰出的人才，可以使四方的贤才纷至沓来，进而逐渐形成人才群体，这是以人才引人才、挖掘人才的一条金律。认识和运用这条金律，可以为组织赢得巨大的效益。二是指在一个人才荟萃的群体中，人才之间的互相交流、信息传递、互相影响往往会极大地促进人才与群体的提升。因此，群体的组织者应当充分地运用并不断强化"共生金律"，形成一个吸引人才、利于人才成长并脱颖而出的群体。如英国的卡迪文实验室从1901年至1982年先后出现了25位诺贝尔获奖者，这便是"共生金律"作用的一个典型；美国贝尔实验室也有多位科学家获得诺贝尔奖。我们从中可以得到这样一个启迪：组织的领导者应充分利用并不断强化人才间的共生金律，形成一个吸引人才、利于人才成长并能脱颖而出的群体。

金律延伸

共生金律表现在企业中，是指企业所有的成员通过某种互利机制，有机组合在一起，共同生存发展。连锁经营在某种程度上也属于一种共生现象，连锁经营能够产生共生金律，即产生出新的能量—连锁共生能量，使连锁经营的生存能力和扩张能力得以提高，从而使经济效益提高以及经营规模扩大，取得1+1>2的效果，这是连锁经营快速发展的根本原因。

英国大文豪萧伯纳曾经说过："倘若你手中有一个苹果，我手中有一个苹果，彼此交换一下，那么你我手中仍然各有一个苹果；但倘若你有一种思想，我有一种思想，我们彼此交换一下，那么每人都将有两种思想。"

第八节　霍布森选择金律：打破僵化的思维

金律释义

对某种没有选择余地的所谓"选择"，被称为"霍布森选择金律"。霍布森选择是一个小选择，是一个假选择，大同小异的选择就是假选择。

1631 年，英国剑桥商人霍布森从事马匹生意，他说，你们买我的马，租我的马，随你的便，价格都便宜。霍布森的马圈大大的，马匹多多的，然而马圈只有一个小门，高头大马出不去，能出来的都是瘦马、赖马、小马，来买马的左挑右选，不是瘦的，就是赖的。霍布森只允许人们在马圈的出口处选。大家挑来挑去，自以为完成了满意的选择，最后的结果可想而知——只是一个低级的决策结果，其实质是小选择、假选择、形式主义的选择。人们自以为做了选择，而实际上思维和选择的空间是很小的。有了这种思维的自我僵化，当然不会有创新，所以它是一个陷阱。

从社会心理学的角度来说，"霍布森选择金律"显然是社会角色扮演者的一大忌讳。谁如果陷入"霍布森选择金律"的困境，谁就不可能进行创造性的学习、生活和工作。道理很简单：好与坏、优与劣，都是在对比中发现的，只有拟定出一定数量和质量的可能方案供对比选择，判断、决策才能做到合理。一个人在进行判断、决策的时候，他必须在多种可供选择的方案中决定取舍。如果一种判断只需要说"是"或"不"的话，这能算是判断吗？只有在许多可供选择的方案中进行研究，并能够在对其了解的基础上判断，才算得上判断。在我们还没有考虑各种可供选择的方法之前，我们的思想是闭塞的。倘若只有一个方案，就无法对比，也就难以辨认其优劣。因此，没有选择余地的选择，就等于无法判断，等于扼杀创造。在这里，生活的辩证法正如一句格言所说的："如果你感到似乎只有一条路可走，那很可能这一条路就是走不通的。"

金律启示

"感到似乎只有一条路可走"的情况，在某些人的学习、生活和工作过程中，恐怕并不鲜见。为什么会陷入这种"霍布森选择金律"的困境之中呢？这与思维的"封闭性"和"趋同性"是不无关系的。所谓思维的封闭性，就是看不到客观世界、环境系统的开放性。这种封闭性又必然带来"趋同性"，它规定了人的思维活动总是朝着单向选择性进行，不去寻找新的视角，开辟其他可能存在的认识途径。这种封闭性和趋同性的思维方式，在心理上长期积淀，就会造成选择和实施创造决策的时候，心理上的封闭意识和趋同意识结构，结果，就使自己在整个创造过程中，失去了属于个体自身的自由活力和创造精神。于是，"霍布森选择金律"也就翩然而至了。

没有选择的余地就等于扼杀前途。一个人选择了什么样的环境，就选择了什么样的生活，想要改变就必须有更大的选择空间。

第九节　木桶金律：不做害群之马

金律释义

木桶金律是由美国管理学家彼得提出的，又称短板理论，木桶短板管理理论，指的是，一个木桶由许多块木板组成，如果组成木桶的这些木板长短不一，那么这个木桶的最大容量不取决于长的木板，而取决于最短的那块木板。

木桶理论告诉我们：任何一个组织，可能面临的一个共同问题，即构成组织的各个部分往往是优劣不齐的，而劣势部分往往决定整个组织的水平。"木桶金律"还有两个推论：其一，只有桶壁上的所有木板都一样高，那木桶才能盛满水。其二，只要这个木桶里有一块木板不够高度，木桶里的水就不可能是满的。

金律启示

华讯公司有一个员工，由于专业不太对口，与主管的关系也不太好，一直觉得自己怀才不遇，所以工作的积极性也不高。刚巧，摩托罗拉公司需要从华讯借调一名技术人员去协助他们搞市场服务。于是，华讯的总经理在经过深思熟虑后，决定派这位员工去。这位员工很高兴，觉得终于有自己施展的舞台了。去之前，总经理只对那位员工简单交代了几句："出去工作，既代表公司，也代表你个人。怎样做，不用我教。如果觉得顶不住了，打个电话回来。"

人生金律

一个月后，摩托罗拉公司打来电话："你派出的兵还真棒！""我还有更好的呢！"华讯的总经理在不忘推销公司的同时，着实松了一口气。这位员工回来后，部门主管也对他另眼相看，他自己也增添了自信。后来，这位员工对华讯的发展做出了不小的贡献。

华讯的例子表明，加强对"短木板"的激励，可以使"短木板"慢慢变长，从而提高企业的总体实力。其实，不能把"长木板"和"短木板"简单地对立起来。每一个人都有自己的"长木板"，与其不分青红皂白地赶他出局，不如发挥他的长处，把他放在适合他的位置上。这样，整个木桶就能盛更多的水。

在一个团队里，决定这个团队战斗力强弱的不是那个能力最强、表现最好的人，而恰恰是那个能力最弱、表现最差的落后者。因为，最短的木板对木桶起着限制和制约作用，也就是决定着这个团队的战斗力，影响着这个团队的综合实力。

第十节　自断经脉金律：成长永远比每个月拿多少钱重要

金律释义

生命是一个历程，是一个整体。成长的过程中，不能太过于在乎一时的得失，而忘记了成长的过程才是最重要的，要为以后的路留有余地，这就是自断经脉金律。

一棵苹果树，终于结果了。第一年，它结了10个苹果，9个被拿走，自己得到 1 个。对此，苹果树愤愤不平，于是自断经脉，拒绝成长。第二年，它结了 5 个苹果，4 个被拿走，自己得到 1 个。"哈哈，去年我得到了 10%，今年得到 20%！翻了一番。"这棵苹果树心理平衡了。

但是，它还可以这样：继续成长。譬如，第二年，它结了100 个果子，被拿走 90 个，自己得到 10 个。很可能，它被拿走99 个，自己得到 1 个。但没关系，它还可以继续成长，第三年结1000 个果子……

这就是自断经脉金律，想打破这个金律，关键在于要认识到，得到多少果子不是最重要的。最重要的是，苹果树在成长！当苹果树长成参天大树的时候，那些曾阻碍它成长的力量都微弱到可以忽略。

金律启示

好好反省一下，你是不是一个自断经脉的打工族？刚开始工作的时候，你才华横溢，意气风发，相信"天生我才必有用"。但现实教育了你，或许，你为单位埋头苦干没得到奖励还落得埋怨；或许你的好心换得的是同事的白眼和嫉妒……总之，你觉得就像那棵苹果树，结出的果子自己只享受到了很小一部分，与你的期望相差甚远。于是，你愤怒，你懊恼，你委屈……最终，你决定不再那么努力，让自己的所做与所得相匹配。几年过去后，你一反省，发现现在的你，已经没有刚工作时的激情和才华了。"老了，成熟了。"我们习惯这样自嘲。但实质是，你已停止成长了。

如果你是一个打工族，遇到了不懂管理的上司、庸俗的同事或企业文化，那么，提醒自己一下，千万不要因为激愤和满腹牢骚而自断经脉。不论遇到什么事情，都要做一棵永远成长的苹果树，因为你的成长永远比每个月拿多少钱重要。

其实，这样的故事，在我们身边比比皆是。之所以犯这种错误，是因为我们忘记生命是一个历程，是一个整体，我们觉得自己已经成长过了，现在是到该结果子的时候了。我们太过于在乎一时的得失，而忘记了成长才是最重要的。好在，我们随时可以停止这样做，继续走向成长之路。

第十一节 热炉金律：适度运用惩罚制度

金律释义

热炉金律又称惩处金律，它认为在规章制度面前人人平等。罪与罚能相符，法与治可相期。

每个单位都有规章制度，单位中的任何人触犯规章制度都要受到惩处。"热炉"金律形象地阐述了惩处原则：

1．热炉火红，不用手去摸也知道炉子是热的，是会灼伤人的—警告性原则。领导者要经常对下属进行规章制度教育，以警告或劝诫其不要触犯规章制度，否则会受到惩处。

2．每当你碰到热炉，肯定会被火灼伤——一致性原则。"说"和"做"是一致的，说到就会做到。也就是说只要触犯单位的规章制度，就一定会受到惩处。

3．当你碰到热炉时，立即就会被灼伤—即时性原则。惩处必须在错误行为发生后立即进行，决不能拖泥带水，决不能有时间差，以便达到使犯错人及时改正错误行为的目的。

4．不管是谁碰到热炉，都会被灼伤—公平性原则。不论是管理者还是下属，只要触犯单位的规章制度，都要受到惩处。在单位规章制度面前人人平等。

春秋时期，齐国著名军事家孙武携《孙子兵法》拜谒吴王阖闾。吴王为试其才，要求其现场操练，孙武允诺。吴王再问："用妇女来操练可否？"孙武说然。

吴王遂召集180名宫女。孙武将其分为两队，令其每人持长戟，并用吴王最宠爱的两个妃子为队长。队伍站好后，孙武说："我说前，你们就看前方，说左就看左边，说右就看右边，说后就看后面。"众人曰是。

孙武使人搬出铁钺（古时刑具），三番五次向她们申诫。说完便击鼓发出向右转的号令。谁知众女兵不但没有依令行动，反而哈哈大笑。孙武说："是我解释得不够明白，命令得不到执行，是指挥官的责任。"于是把前面的"金律"又详细说了一遍。当他再次发出"左"的命令时，宫女们还是笑着不动。这次孙武不再自责，道："解释、交代得不清楚是将官的责任，交代清楚而不服从命令就是队长和士兵的过错。"遂命令左右把队长推下行刑。吴王大惊："且慢，她们是我的爱妃，请不要杀她们。"孙武答："我既受命为将军，将在军中，君命有所不受。"最终坚持把吴王的两名宠妃"正法"，又命两位排头的为队长。这时，大家无论是向前向后，向左向右，甚至跪下起立等复杂的动作都认真操练，再不敢儿戏。吴王阖闾遂拜孙武为大将，伐楚降齐，霸于诸侯，成为当时的强国。

金律延伸

为了让公司在市场竞争中长期站稳脚跟，希望集团所制定的基本方法是"严厉和宽容"。他们的治厂方针是："用钢铁般的纪律治厂，以慈母般的关怀善待员工。"这种严厉指的是，执行规章制度不允许搞下不为例，不允许打折扣。曾经有人给希望集团的总裁陈育新提出建议，

人生金律

希望将"严厉"改为"严格"，但却遭到一向从善如流的陈育新的拒绝。他认为，只有将严格上升到严厉的程度才能表达出他"钢铁般"的本意。

希望集团所说的严厉体现在制度的制定、执行和检查上。希望集团美好食品公司在数年前，还是一个连年亏损几百万元的公司，当公司直接由陈育新掌管后，第一年就转亏为盈，之后连年赢利以千万元计，显示出强劲的发展势头。靠什么？总经理杜诚斌道出其中的真谛，靠员工"十不准"的戒规。这些戒规条款几近于苛刻，但正是严格执行戒条才使员工形成了良好的工作习惯，保证了公司高效率运转。

严厉体现胆识，宽容体现胸怀。但严厉要体现公平，通过严厉不但可以消除不良的现象，保证公司的高效率运行，而且还可以发现人才，造就人才。但宽容的前提是企业领导人的头脑必须是清醒的，糊涂的宽容非但达不到既定目标，还会对违反规章制度的行为造成包庇和纵容。所以，公司必须让员工明白：宽容是有限度的，并且宽容只会发生在提高认识之后。陈育新强调，他18年的企业管理经验证明：在严厉的基础上所施行的宽容，效果是最好的，在宽容之后的严厉才更有力度。

海尔集团有个规定，所有员工走路都必须靠右，在离开座位的时候则需要将椅子推进桌洞里，否则，都将被罚款。在实践中，海尔也是这样做的。在奥克斯集团的各项纪律中，有一项规定是开会时不得有手机铃声，若违反，每记铃声罚款50元。在奥克斯集团内，无论大会小会，都不会受手机铃声的干扰，即使是刚进奥克斯的新人也知道必须养成这样的良好习惯，绝不触犯。

这些企业之所以做这样的规定，用意无非是希望全体员工在心目中形成一种强烈的观念：制度和纪律是一个不可触摸的"热炉"。惩罚制度毕竟是手段而不是目的，使用过滥就会适得其反。企业制订和推行惩罚制度，关键是要遵循公开、公正、公平、公心的原则，并从技能培训、企业文化建设和建立科学的奖惩机制入手，使员工心悦诚服，勇于认错。这样的话，热炉给员工的就不仅仅是烫，而且会有温暖的感觉了。

在"热炉金律"中还有一个"程度性原则"，被"灼伤"的程度与

"火炉"接触的紧密程度和时间长短有关系，惩罚以制止不当行为为限，处罚过度反而有害。监管者在执行法律时也要结合"程度性原则"，对触犯法律的相对人进行法律规定的自由裁量权范围内的"适度"惩罚，使相对人认识到"火炉烫手"，从而注意"火炉"的存在，不再有意或无意地去触摸。

行业的自律依赖于行业中的个体对与行业相关的法律法规的认识，只有他们认识到相关法律、法规的具体要求，认识到违反相关法律、法规后将受到惩罚，行业才会在经营中自律。这是"热炉金律"的现实意义所在。

第 6 章

真情胜金坚——情感养成金律

一个人在一生口能否取得成就，主要依靠的是智力水平，即智商越高，越容易取得成功。但是现在心理学家普遍认为，一个人能否取得成功不仅仅依靠智商，还取决于情商，甚至情商的影响要超过智商。

第一节　边际金律：要懂得细水长流

金律释义

边际金律，有时也称为边际贡献，是指在最小的成本条件下达到最大的经济利润。物品或劳务的最后一单位比起前一单位的效用，如果后一单位的效用与前一单位的效用相比大，则是边际效用递增，反之则为边际效用递减。

我们向往某事物时，情绪投入越多，第一次接触到此事物时情感体验也越为强烈，但是，第二次接触时，会淡一些，第三次，会更淡……以此发展，我们接触该事物的次数越多，我们的情感体验也越为淡漠，一步步趋向乏味。这条金律，在经济学和社会学中同样有效，在经济学中叫"边际效益递减率"，在社会学中叫"剥夺与满足命题"，是由霍曼斯提出来的，用标准的学术语言说就是："某人在近期内重复获得相同报酬的次数越多，那么，这一报酬的追加部分对他的价值就越小。"

爱情的边际金律是递减的。青少年时期，我们就像走在干涸的沙漠，极度需要爱滋润。如果给你一杯水，你会非常感激，因为久旱遇甘霖；再给你一杯，你仍然十分高兴，因为你还很需要，可是那种需要不像第一次那么强烈了；再给你第三杯，你能喝下，只是不那么需要了；再给你第四杯，第五杯……要你喝下，估你就不是那么喜欢，反而有点厌倦甚至反胃了……

金律体现

有这样一个很生动的例子：当你肚子很饿的时候，给你一个馒头你会很开心，吃了很舒服。但当你吃了很多个馒头后，感觉已经很饱了，再给你一个馒头，那时候这个馒头跟之前那个馒头给你的感觉已经完全两样。那么，你吃了几个馒头才是感觉最好的时候，这就是边际金律最大化的时候，超过这个点，边际金律开始降低。

一个家庭要生活得快乐惬意，离不开坚实的经济基础，特别是在当今"钱不是万能的，没有钱却是万万不能"的社会结构下。于是，为了家庭的幸福，两人开始在外边打拼，早出晚归、加班加点成了家常便饭。最终，辛苦得到了回报，日子开始富裕了，车有了，房有了，却突然觉得在得到舒适生活的同时在不断地丢失着一些更宝贵的东西——家庭的温暖和团聚的时间。在家的时间越来越少，一家人在一起吃饭的日子屈指可数。这个时候，甚至回想起以前的穷日子，至少那时候一家人可以经常在一起。这时或许会想："钱，并不是最重要的，只要日子过得舒适了就行，一家人在一起才是最幸福的！"

到了这个时候，钱的边际金律已经开始降低，那么什么时候是边际金律最大化的时候呢？凡事有度，只有在金钱和亲情之间达到平衡的时候，才是边际金律最大化的时候。

边际金律在婚姻中有这样一个体现：人要在工作与家庭这个关系中达到边际金律最高值，才是最快乐幸福的，就算不达到最高，起码要在两者之间找到恰当的平衡点。

第二节 麦穗金律：收获属于 自己的欲望

金律释义

虽然在数不清的麦穗中寻找最大的几乎是不可能的，而且所谓最大的往往也是要在错过之后才能知道，但如果在调查研究的基础上果断出手，这样即使不能选择到最大的麦穗，但离最大的一定也差不太多。这就是"麦穗金律"。

有一天，柏拉图问老师苏格拉底什么是爱情？老师就让他先到麦田里去，摘一棵全麦田里最大最金黄的麦穗来，只能摘一次，并且只可向前走，不能回头。柏拉图于是按照老师说的去做了。结果他两手空空的走出了田地。老师问他为什么摘不到？他说：因为只能摘一次，又不能走回头路，期间即使见到最大最金黄的，因为不知前面是否有更好的，所以没有摘；走到前面时，又发觉总不及之前见到的好，原来最大最金黄的麦穗早已错过了。于是我什么也没摘。老师说：这就是"爱情"。

人生就正如穿越麦田和树林，只走一次，不能回头。要找到属于自己的最好的麦穗和大树，你必须要有莫大的勇气和付出相当的努力。

理性对待失去和拥有

如果用采撷麦穗象征选择婚姻对象的话，每个人都只有一次选择机会，要想拥有最完美的婚姻，就不能盲目草率地做决定，否则只会让你日后悔恨。而犹豫不定，又会错过一次次机会，最后也是空留余恨。只有在青春感性中保持理性，随着阅历的积累，了解到自己真正需要的是什么，再去选择真正适合自己的人生伴侣，得到幸福的概率才会大一些。

柏拉图的故事告诉我们要珍惜爱情，否则到头来一无所有，孤独终老一生。不过也要切忌矫枉过正，为了珍惜而珍惜。有时，人会在明知一段感情已经无法挽回的情况下，依然坚持守着这棵"麦穗"，因为在他们看来这样才是专情，才算得上珍惜感情，否则自己当初的海誓山盟、真情付出又算什么呢？然而他们却忘记了这麦田之中还有千千万万的"麦穗"等着他／她去邂逅，而下一棵真正合他／她心意的麦穗或许就隐身其中。

故事同样告诉我们，人生中有很多棵又大又好的"麦穗"，错失一棵并没关系，只要你在遇到下一棵时懂得珍惜就好。然而，假如你因为依然念念不忘曾经错失的那棵麦穗，而将其他麦穗视若无物，觉得这样才算是珍惜，那你就大错特错了，因为到最后你错过的将不仅是那棵又大又好的麦穗，而是麦田里所有又大又好的"麦穗"，虽然其原因从表面上看与柏拉图恰恰相反，但实际上这才是真正的不珍惜。

其实，在寻找真爱的过程中，错过一次并不可怕，可怕的是一而再、再而三地错过，或者因为错过一次，而拒绝再次寻找。眼前的事物固然值得珍惜，但是感情不是一个人愿意珍惜就可以维系的，一旦不可挽回，与其抱着一棵不属于你的麦穗不放，不如收拾心情重新投入到寻找下一棵麦穗的旅途中。也许人生的转折就在拐角处。

第三节 罗密欧与朱丽叶金律：循序渐进的感情最牢靠

金律释义

罗密欧与朱丽叶相爱，由于双方世仇，他们的爱情遭到了极力阻碍。但压迫并没有使他们分手，反而使他们爱得更深，直到殉情。这样的现象我们叫它"罗密欧与朱丽叶金律"。就是当出现干扰恋爱双方爱情关系的外在力量时，恋爱双方的情感反而会加强，恋爱关系也因此更加牢固。

美国社会心理学家布莱姆在一个实验中，让一名被试者面临 A 与 B 两个选择，在低压力条件下，另一个人告诉他"我们选择的是 A"，在高压力条件下另一个人告诉他"我认为我们两个人都应该选择 A"。结果，低压力条件下被试者实际选择 A 的比例为 70%，而在高压力条件下，只有 40% 的被试选择 A。可见，一种选择，如果是自愿的，人们会倾向于增加对所选择对象的喜欢程度，而当选择是被强迫的时候，便会降低对选择对象的好感。

这种情形不仅发生在男女的爱情之间，也会发生在许多其他地方。越难获得的事物，在人们的心目中地位越重要，价值也会越高。学者们尝试以阻抗理论来解释这种现象，他们指出当人们的自由受到限制时，会产生不愉快的感觉，而从事被禁止的行为反而可以消除这种不悦。所以才会发生当别人命令我们不得做什么事时，我们会反其道而行的现象。

因此，当恋爱双方被强迫做出某种选择时，会产生高度的心理抗拒，这种心态会促使他们做出相反的选择，甚至会增加对自己所选择的事物的喜欢程度。生活中我们常能听到这样的事例：某对恋爱的青年，尽管

人生金律

遭到父母的竭力反对、亲友的百般阻挠，但两人仍旧不终止恋爱关系，反而更亲密，更大胆，有时甚至以自杀来对抗。

另一种解释是从维持认知平衡的角度来说的。一般情况下，人们对自己行为的解释都是从内外两方面去寻找理由，当外在理由消失后，人们就会从内部去寻找依托，反之亦然。恋爱双方渴望接近对方等行为，可以解释为由于双方内在的情感因素和外在亲人朋友的支持。当亲人采取简单否定的态度时，便削弱了恋爱的外在理由，这导致恋爱者的认知出现了不平衡，于是他们只好把内在的情感因素升级以解释自己爱恋对方的行为，使自己的认知重新处于平衡状态。这便是中学生在异性交往中易把友情当恋情的重要原因之一。

因为好奇心和个性的互补，在异性交往中，交往双方更容易获得满足感。但当许多老师、父母对中学生的异性交往都疑神疑鬼，甚至明确反对时，这就使学生把满足感解释为对双方的依恋，从而误认为自己已经坠入爱河。

金律启示

当事人和他们的家人都应该从罗密欧与朱丽叶金律中得到启示。对于青少年来说，父母的反对肯定也有一定的道理，不妨理性地与父母亲交流一下看法，而不是把恋爱建立在"逆反""抗拒""维护自尊""满足好奇"上，学生更要以学习为重。

家长在说服教育时，一定要注意方法，不要强行禁止，采取"高压政策"，而要循循善诱，晓之以理，动之以情，因势利导，切忌动辄不分青红皂白地批评、训斥、打骂，甚至当着众人的面羞辱他们，这极容易产生罗密欧与朱丽叶金律，使事情向相反的方向发展。

第四节　刺猬金律：距离产生美

金律释义

　　刺猬金律指的是人际交往中的"心理距离金律"。在管理实践中运用刺猬金律，领导者应该和下属保持亲密关系，但这是一种"亲密有间"的关系，是一种不远不近且恰当的合作关系。

　　有两只困倦的刺猬，因为寒冷而拥在一起。但因为各自身上都长着刺，所以它们离开了一段距离，可还是因为冷得受不了，于是又凑到一起。经过几番折腾，两只刺猬最终找到一个合适的距离：既能互相获得对方的温暖还不会被对方扎到。

　　如果与下属保持心理距离，就可以避免下属的紧张感，并且可以减少下属对自己恭维、奉承、送礼、行贿等行为，这样既可以防止与下属称兄道弟、公私不分，还可以获得下属的尊重，最终保证在工作中不丧失原则。一个优秀的领导者和管理者的成功之道就是，要做到"疏者密之，密者疏之"。

金律延伸

　　刺猬金律被法国总统戴高乐运用得很熟练。他有一个座右铭："保持一定的距离！"这个座右铭深刻地影响了他和顾问、智囊和参谋们之间的关系。在他十多年的总统岁月里，秘书处、办公厅和私人参谋部等顾问和智囊机构，所有的人的工作年限几乎都不能超过两年以上。每个新上任的办公厅主任来的时候，戴高乐总是说："我用你两年，正如人

人生金律

们不能以参谋部的工作作为自己的职业，你也不能以办公厅主任作为自己的职业。"这就是戴高乐的规定。

这一规定出于两方面原因：一是在他看来，调动是正常的，而固定是不正常的。这是受部队做法的影响，因为军队是流动的，没有始终固定在一个地方的军队。二是他不想让"这些人"变成他"离不开的人"。这个金律就表明戴高乐是个靠自己的思维和决断而生存的领袖，他不容许身边有永远离不开的人。所以，也只有调动，才能保持一定距离，而只有保持一定的距离，才能保证顾问和参谋的思维和决断具有新鲜感和充满朝气，这样就可以杜绝年长日久的顾问和参谋们利用总统和政府的名义来营私舞弊。

戴高乐的这种做法令人深思和敬佩。没有距离感，领导决策过分依赖秘书或某几个人，就很容易使智囊人员干政，进而使这些人假借领导名义，谋一己之私利，最后拉领导干部下水，这种后果是很危险的。从这两种情形比较，来看还是保持一定的距离好。

通用电气公司的前总裁斯通在工作中就很注意身体力行运用刺猬金律，尤其在对待中高层管理者上更是如此。在工作场合和待遇问题上，斯通从不吝啬对管理者们的关爱，但在工作之后的业余时间，他从不要求管理人员到家做客，也从不接受他们的邀请。正是这种保持适度距离的管理，使通用的各项业务能够芝麻开花节节高。

与员工保持一定的距离，既不会使你高高在上，也不会使你与员工互相混淆身份。这是管理的一种最佳状态。距离的保持靠一定的原则来维持，这种原则对所有人都一视同仁：既可以约束领导者自己，也可以约束员工。掌握了这个原则，也就掌握了成功管理的秘诀。

金律启示

有一位画家，他每日跨过一个山谷时，总能远远看到谷底的枫树。那是怎样一棵完美的枫树啊！粗壮的树干，茂密的树冠，火一样红的叶子……就那样安静的、独一无二地站在山谷里。画家不止一次地停车、观望那棵枫树，晨风中的它，晚霞中的它，秋雨中的它，骄阳下的它……无论哪个角度，无论哪个时段，它都显得那么的美妙绝伦！终于有一天，画家再也控制不住对那棵树的渴望，艰难地穿过山谷里到处滋生着的荆棘，终于来到了那棵树下。

然而眼前的一切让画家大失所望：原来这棵树早已被虫子啃食得几乎找不到一片完整的叶子，看着那些斑驳的虫痕，画家甚至有些恶心……

故事到这里，不免让人心生遗憾。如果画家能够控制住自己的欲望，如果画家不到谷底去……

其实很多时候，许多人，许多事，都与画家眼中的枫树一样，历经千辛万苦得到的时候，也就是彻底失去的时候。事情往往是这样，如果从来不曾拥有，它便会在记忆中鲜活，在距离中永恒完美，而一旦拥有，人们难免会发现这"囊中之物"有着这样或那样的缺憾，此时，相对于形态上拥有的喜悦，内心的失落与怅然应更甚些。正如席慕蓉诗中所说：一切都会过去／我知道　我会／慢慢地将你忘记……

当然拥有后反觉更好的情况也并不是没有，但是实在是少之又少，主要并不是完全由于事物的本身，而是源于人性本来的贪欲—就如《渔夫与金鱼》中的老太婆一样，永远不可能得到终止性的满足。

所以说，人生本来就不可能完美，又何必非要执着于得到呢？我们要学会理智，学会舍得。有些话，要学会放在心里；有些事，要学会想想而已；有些人，要学会慢慢忘记。也许，正因为这样，有些话有些人有些事将永远不会忘记，也许，正因为这样，快乐和完美离我们反倒更近些……

第五节 移情金律：爱屋及乌的作用

金律释义

移情金律是指人们在对对象形成深刻印象时，当时的情绪状态会影响他对对象今后及其关系者（人或物）的评价的一种心理倾向，即把对特定对象的情感迁移到与该对象相关的人或事物上，引起对他人的同类心理的金律。

我国古代早就有的"爱人者，兼其屋上之乌"之说，就是移情金律的典型表现。意思是说，因为爱一个人而连带爱他屋上的乌鸦。后人以"爱屋及乌"形容人们爱某人之深情及和这人相关的人和事，心理学中把这种对特定对象的情感迁移到与该对象相关的人或事物上来的现象称为"移情金律"。

心理学研究表明，不仅爱的情感会产生"移情金律"，恨的情感、嫌恶的情感、嫉妒的情感等等也会产生移情金律。中国封建社会，皇帝可以因一人犯罪而株连九族，其恨可谓泛。人都是有七情六欲的，所以人和人之间最容易产生情感方面的好恶，并由此产生移情金律。

金律体现

移情金律在日常生活中常常表现为"人情金律"，即以人为情感对象而迁移到相关事物的金律。比如，喜欢交际的人经常会说："朋友的朋友也是我的朋友"，这是把对朋友的情感迁移到相关的人身上；仗义行侠的"勇士"也表示"为朋友两肋插刀"，这就是把对朋友的情感迁移到相关的事上去；许多人珍藏去世的亲朋好友的遗物，这是把对去世者的情感迁移到相关的物上。

据说蹴鞠是高俅发明的，他的球踢得很好，皇帝从喜爱蹴鞠到喜爱高俅，最后高俅成了皇帝的宠臣；在中国历史上，"以酒会友""以文会友"都是美谈，因为都爱喝酒和都爱舞文弄墨，不相识的人以酒以文为桥梁建立了友谊。喜欢喝茶的人会对别人送来的茶具感兴趣，也许以后自己也会去收集各种茶具，成为茶具收藏家甚至茶具制作家；有些女同志对抽烟深恶痛绝，因而对所有抽烟的男子都抱有成见，即使从未见某人抽过烟而仅仅是听说也会对这人的品行妄加评说。

金律启示

爱情中，是移情金律表现最明显的地方，两个人恋爱，很多时候都会因为爱对方而爱其周边的朋友亲人，如果违背了移情金律，往往两个人的恋爱就会出现问题。小王和张丽谈恋爱，一天，张丽要带小王回家见见自己的父母，小王答应去了，但见了张丽的父母，小王觉得张丽的母亲很唠叨，所以之后就不想再和张丽一起回家。张丽知道了小王的想法后，决定和小王分手，两个曾经恩爱的情侣就这样分开了。小王不知道自己到底有什么不对，实际上，他的错就在于他不知道爱屋及乌的道理—如果两个人相爱，你就要爱他周围的一切。

移情金律是一种心理定式，在生活中，我们要理解顺应这一金律，这样你在恋爱、婚姻、家庭中就和谐、美满、幸福了。

人生金律

第六节　贝勃金律：不要被自己麻痹

金律释义

贝勃金律是一个社会心理学金律，指的是当人经历强烈的刺激后，之后施予的刺激对他来说也就变得微不足道。

有人做过这样一个实验：一个人右手举着300克的砝码，这时在其左手上放305克的砝码，他并不会觉得有多少差别，直到左手砝码的重量加至306克时才会觉得有些重。如果右手举着600克，这时左手上的重量要达到612克才能感觉到重了。也就是说，原来的砝码越重，后来就必须加更大的量才能感觉到差别。这种现象被称为"贝勃金律"。

在情人节时，一位意大利的心理学家曾在两对具有大体相同的成长背景、年龄阶段和交往过程的恋人当中，做了这样一个送玫瑰花的实验。

心理学家让其中一对恋人中的男孩，每个周末都给自己心爱的姑娘送一束红玫瑰；而让另一对恋人中的男孩，只在情人节那一天向自己心爱的姑娘送去一束红玫瑰。

由于两个男孩的送花频率和时机不同，导致的结果截然不同。那个在每个周末收到红玫瑰的姑娘，表现得相当平静。尽管没有大的不满意，但她还是忍不住说了一句："我看到别人送给自己女友大把的'蓝色妖姬'，比这普通的红玫瑰漂亮多了，心里真是很羡慕！"而那个从来没接过红玫瑰的姑娘，当手捧着男朋友送来的红玫瑰花时，表现出了被呵护、被关爱的极度甜蜜，随后竟然旁若无人、欣喜若狂地与男友紧紧拥吻在一起。

有些人总抱怨恋人对自己不如刚认识时那么好了，其实这也是贝勃金律在作怪。在还不熟悉的情况下，对方给你的一点点关怀你都会觉得情深似海，而当你们相恋许久之后，相同的那些关爱，你也会觉得平淡如水了。

感恩身边的人

一个女孩和母亲吵架赌气离家。在外逛了一天，直到肚子很饿了，她才来到一个面摊，却发现忘记带钱了。好心的面摊老板免费煮了一碗面给她。女孩感激地说："我们又不认识，你就对我这么好！可是我妈妈，竟然对我那么绝情……"

面摊老板说："我才煮一碗面给你吃，你就这么感激我，你妈帮你煮了十几年饭，你不是更应感激吗？"女孩一听，整个人愣住了！是呀，妈妈辛苦地养育我，我非但没有感激，反而为了一件小事，就和她大吵一架。女孩鼓起勇气，往家的方向走，快到家门时，她看到疲惫、焦急的母亲正在四处张望。妈妈看到女孩时，忙喊："饭都已经做好，快回去吃，菜都凉了！"此时女孩的眼泪夺眶而出……

我们对亲人朋友的关爱习以为常；而陌生人的一点帮助，却能让我们感激不尽。这便是"贝勃定律"在操作我们的感觉。对于亲人朋友，我们对他们的关爱习以为常，而且期望值很高。有时他们少了一丝关爱，我们甚至会恶言相向。对于陌生人，我们没有抱着多大的期望，因此，他们的一点点帮助，我们都感动不已。

我们的感觉很敏感，但也有惰性，它会蒙骗我们的眼睛。所以，在生活中，对于陌生人的帮助，我们应当报以感谢。对于家人的帮助，我们更应该报以更大的感恩—珍惜我们身边的亲人朋友吧！

人生金律

第7章

强者当善谋——发展竞争金律

人生如战场，百人上战场，要遵循天时、地利、人和等自然规律，而如今要想成就辉煌的人生，也需要遵循一定的自然法则。无规矩不成方圆，遵守规则才能成方成圆，才能运筹帷幄，做到百战而不殆。

第一节 沃尔森金律：信息让你完胜对手

金律释义

沃尔森金律是由美国企业家 S·M·沃尔森提出的，指的是把信息和情报放在第一位，金钱就会滚滚而来。

沃尔森金律要求企业要想在风云莫测的市场竞争中立于不败之地，就必须快速准确地获悉各种市场信息：市场有什么新的动向？竞争对手有什么新的举措？在获得了这些情报之后，果敢而迅速地采取行动，这样才能取得成功。

孙子曰：知己知彼，百战不殆。在你与竞争对手博弈时，情报十分重要。日本精工公司的成功为我们提供了一个绝妙的例子。

20 世纪 60 年代之前，历届奥运会的计时器供应权都被瑞士名表行欧米茄公司垄断。1964 年日本获得了奥运会的主办权，日本精工舍钟表公司看到了这个商机。为了深入了解自己的对手，精工舍派出了一支高素质的"间谍"队伍。他们发现，欧米茄公司的计时器都是机械表模式，误差比较大。精工舍对症下药，在减少计时器的误差上组织攻关，开发误差小的计时器。终于，一部具有世界先进水平的 951 Ⅱ 石英表被研制出来。这种计时器每天的运行误差只有 0.2 秒，而欧米茄的计时器误差是在 30 秒以上；而且在重量上，951 Ⅱ 石英表只有 3 千克，在当时已经算非常轻巧了。

人生金律

　　951Ⅱ石英表的这些优势很快赢得了国际奥委会官员的认同，不久后，他们就做出了将1964年计时器供应权交给精工舍的决定。精工舍终于在与欧米茄计时器的竞争上取得了成功！精工舍的成功得益于对竞争对手的优势和弱点的全面了解。

　　获取情报固然重要，针对情报快速做出反应更重要。同样是一家日本生产雨伞的小企业尼西奇公司也为我们诠释了迅速行动的重要性。

　　一次偶然的机会，董事长多博川看到了一份最新的人口普查报告。从人口普查资料获悉，日本每年有250万婴儿出生，他立即就意识到尿布这个小商品有着巨大的潜在市场，再加上广阔的国际市场，潜力是巨大的。于是他立即决定转产大企业不屑一顾的尿布，结果产品畅销全国，走俏世界。如今该公司的尿布销量已经占世界的1/3，多博川本人也因此而成为享誉世界的"尿布大王"。

　　多博川从一份人口普查报告中察觉到了巨大的商机，从而取得了巨大的成功，这就要得益于他对市场的敏锐观察力和采取相应的对策、及时出击的战略，真正做到了市场变，我也变。

金律启示

　　1984年洛杉矶奥运会开幕前夕，广东"健力宝"的决策者们感觉到这是一个很好的足销机会。通过种种努力，"健力宝"被中国体育代表团作为首选饮料进军奥运会。中国健儿首次在奥运会上取得的辉煌成绩，也为"健力宝"赢得了一块"金牌"。日本《朝日新闻》首先刊出了题为《中国靠"魔水"加快出击》的奥运专电。随后，华文《纽约日报》《联合早报》等世界级报刊先后刊载盛誉文章。"健力宝"被誉为"东方魔水"，名声大噪。世界各地的华商纷纷前来订货，希望为祖国的名牌产品走向海外助一臂之力。健力宝及时抓住了机会，巧妙运用，从而获得了很大成功。与他们相比，许多管理者在市场发生变化，面临新的商机时，要么反应迟缓，错失良机；要么墨守成规，不敢突破，把一次次成功的机会让给了别人。因此，要切记随机应变，把握住每次机会，这样幸运之神就会降临到你的身上。

沃尔森金律告诉我们：你能获取多少，往往取决于你能知道多少。不要忽视市场上的任何一条信息，每一条信息都可能是让你获得财富、取得先机的关键。

第二节　冰淇淋金律：有危必有机

金律释义

冰淇淋金律说的是，卖冰淇淋必须从冬天开始，因为冬天的顾客少，会逼迫你降低成本，改善服务。换个角度说，如果在冬天的逆境中能生存，就再也不用担心夏天的竞争。这是被誉为台湾的"经营之神"的王永庆提出的一条金律。

20 世纪 50 年代，王永庆投资塑料业的时候，当时台湾对聚乙烯化合物树脂的需求量少，台塑首期年产是 100 吨，而台湾的年需求量只有 20 吨，更何况台湾还有几个加工厂获得了日本人供应的更廉价的聚乙烯化合物树脂。这对台塑打击非常大，几乎面临倒闭。面对这一现实，王永庆经过反复的分析研究，最后决定：继续扩大生产——与其守株待兔，不如勇敢创造市场。只有大量的生产，才能降低成本，压低售价，从而使产品不受地区的限制，吸引更多顾客。

在将台塑产量扩大 6 倍的同时，王永庆又创办了一个加工台塑产品的公司，就是南亚塑胶工业公司，专为台塑进行下游加工生产。经过不断的摸索和总结，台塑和南亚的业务开始好转，奠定了他在塑料工业中的地位。

众所周知，冰淇淋就是一款地地道道的夏日凉品，夏季一过，本应该进入"冬眠"期，然而，在春秋季甚至冬季吃冰淇淋已经成为一种时尚，人们对冰淇淋的钟爱已经打破了季节限制，不再只把它当成一种解暑佳品，而是转变成为一种全年无休的时尚消费品。

金律启示

在冰淇淋领域，哈根达斯无疑为行业的佼佼者。说到哈根达斯，人们想起的很少是清凉等概念，而是优质的生活、温馨的爱情、天然、健康、时尚等代表一定生活品质的词汇。可以说，哈根达斯已经不只是单纯销售冰淇淋，而是在销售一种有格调的、对生活品质的定位和向往的态度。

哈根达斯的广告中有这样一句经典的台词：爱我，就请我吃哈根达斯。这个广告借用了这样一个概念：爱情没有季节，爱情永不过时，代表着爱情的冰淇淋也不会过季。它没有特意强调产品的口味，也没有大玩文字游戏，而是将人类之间永恒的话题—爱情搬上了荧幕，这样一来就抓住了所有正在享受爱情、追求爱情、向往爱情的青年男女的心，当然还包括他们的钱包。

在商业战场上，经济萎靡的时候也是酝酿时机的时期。在经济萧条的时候，大多数人都遇难而退了，其实这正是探索机会的理想时机。当经济再度复苏的时候，敢于把握冷门机遇的企业将能获取比以往更多的机会，收获更多的财富。

第三节 快鱼金律：对唯快不破的解读

金律释义

如今的市场竞争不是"大鱼吃小鱼"，而是"快鱼吃慢鱼"，这就是快鱼金律。这个金律是美国思科公司总裁约翰·钱伯斯总结出来的，他在谈到新经济的规律的时候说，现代社会的竞争已"不是大鱼吃小鱼，而是快鱼吃慢鱼"。

> 有两个生意人在树林里过夜，早上的时候，树林里突然跑出一头大黑熊来，两个人中的一个忙着穿运动鞋，另一个人对他说："你把运动鞋穿上有什么用，我们反正又跑不过熊！"忙着穿运动鞋的人说："我不是要跑得快过熊，我是要跑得快过你。"

故事听起来有点无情，但竞争就是如此残酷。因为，我们所面对的世界，是一个充满了变数并且竞争非常激烈的世界，跑得快不快，很可能成为决定成功与失败的关键。

用速度抢占先机

经济全球化的今天，市场竞争异常激烈，市场风云瞬息万变，市场信息的传播速度大大加快。谁能抢先一步获得信息，抢先一步做出对策，谁就能捷足先登，独占商机。因此，在这"快者为王"的社会，速度无疑是企业的基本生存法则。企业对市场的反应速度决定着企业的命运，

人生金律

只有能够迅速应对市场的企业，才能成为市场竞争中的佼佼者。

快鱼金律在商战中发挥着它淋漓尽致的作用。在当今市场经济的激烈竞争中，几乎所有的经营型、服务型企业都在用尽全身的解数抢占先机，赢得市场。

金律延伸和启示

青岛海尔集团的老总张瑞敏在接受媒体采访时说，在市场经济发达的国家，企业的兼并经过三个阶段：第一个阶段是"大鱼吃小鱼"，亦即弱肉强食；第二个阶段是"快鱼吃慢鱼"，即技术先进的企业吃掉落后的企业；第三个阶段是"鲨鱼吃鲨鱼"，即强强联合。而国企之间的兼并却不会出现这三种情况，因为是国有的，企业只要有一口气，就不会被吃，且"小鱼不觉其小，慢鱼不觉其慢，各得其新"。"死鱼"就根本不能吃。这是中国的国情决定的。张瑞敏认为，既不能吃活鱼，又不能吃死鱼，唯有吃"休克鱼"，也就是处于休克状态的鱼。企业的表面死了，但是肌体还没有坏，企业的管理有严重问题，停滞不前，只是处于休克状态。张瑞敏所说的"休克鱼"，事实上也就是对带有中国国情的"慢鱼"的更传神称呼。中国市场经济中的"快鱼"海尔，迄今已经进行了近20起兼并案，被收购的这些企业的亏损总额超过5亿元人民币，但是重组之后盘活的资本总额超过15亿元人民币，可以说是吃得其所，吃得其法！

在看似风平浪静的大海里"大鱼吃小鱼"，在信息社会的市场竞争中，却是没有大小之分，你不仅会看到"大鱼吃小鱼"，即大企业兼并小企业，同样也会看到"小鱼吃大鱼"，即通过资本动作等方法实现小企业吞并大企业。要实现"快鱼吃慢鱼"，首先是要学会快，其次就是要学会吃。

Modell 体育用品公司的 CEO 默德在一次圆桌会议上重新诠释了钱

伯斯的这句话，他对参加会议的 CEO 们说：想要在以变制胜的竞赛中脱颖而出，速度是关键。正如非洲大草原上的动物一样，当他们一开始迎着太阳奔跑时，狮子知道如果它跑不过羚羊，它就会饿死。而羚羊也知道，如果自己跑不过速度最快的狮子，就必然会被吃掉。

快鱼金律告诉我们，在这个经济飞速发展的时代，每个人都在加快前进的步伐，没有人会等着你，只有自己把握机遇，争取时间，你才能快人一步，你才能在市场中快速掘得属于自己的第一桶金。

第四节　蝴蝶金律：差之毫厘，失之千里

金律释义

在一个动力系统中，初始条件下微小的变化可以带动整个系统长期的巨大的连锁反应，这是一种混沌现象。这种现象被称为蝴蝶金律。意思即一件表面上看来毫无关系、非常微小的事情，却有可能带来巨大的改变。这个金律通俗的阐述是："一只蝴蝶在巴西轻拍翅膀，可以导致一个月后德克萨斯州的一场龙卷风。"

1963 年美国气象学家洛伦芝提交了一篇论文，名叫《一只蝴蝶拍一下翅膀会不会在德克萨斯州引起龙卷风？》，文章最后说：一只南美洲亚马孙河流域热带雨林中的蝴蝶，偶尔扇动几下翅膀，可能在两周后引起美国德克萨斯州一场龙卷风。其原因在于：蝴蝶翅膀的运动，导致其身边的空气系统发生变化，并引起微弱气流的产生，而微弱气流的产生又会引起它四周空气或其他系统产生相应的变化，由此引起连锁反应，最终导致其他系统的极大变化。洛伦芝把这种现象戏称作"蝴蝶金律"。采用蝴蝶做比喻来自这位气象学家制作的一个电脑程序，这个程序可以

模拟气候的变化，并用图像来展示。图像是混沌的，看起来十分像一只蝴蝶张开的双翅，因而他形象地将这个图形称为"蝴蝶扇动翅膀"，于是枯燥的数字有了富有诗意的表述。

1998 年亚洲发生的金融危机和美国曾经发生的股市风暴实际上就是经济运作中的"蝴蝶金律"，1998 年太平洋上出现的"厄尔尼诺"现象也是大气运动引起的"蝴蝶金律"。

说出来你可能会感到惊讶，金融危机时期，美国人靠罐头的发明走出了经济大萧条。1925 年，美国及整个西方世界发生了经济大萧条，购买力持续下降。为了摆脱困境，维持正常的生产，商人想方设法制造便宜的商品。1932 年，明尼苏达州的杰伊·荷美尔发明了一种 12 盎司罐装的午餐肉。这种呈砖形的午餐肉的最大特点是能比鲜肉保存更长的时间。正是这种"罐头"，既满足了人们低消费的心理和口味需求，又能长时间地保存，保护厂家和商家的利益，使当时工厂和农场能维持正常的生产，让社会处于较稳定的状态。最终，正是这样一个小小的罐头，促使美国带头走出了世界经济大萧条。

金律启示

18 世纪瓦特发明的蒸汽机促使世界第一次工业革命兴起，对近代社会产生了巨大的贡献。实际上瓦特并不是第一个发明蒸汽机的人。公元 1 世纪的时候，亚历山大·希罗就曾设计过类似的机器，但效率非常低。1759 年瓦特在此蒸汽机上做了重大革新，增加了一个独立的凝汽室，增加了齿轮联动装置，把活塞的直线运动转变为旋转运动，从本质上改变了蒸汽机的工作特征。瓦特的一个小小的改动，以及多次的技术更新，最终导致了世界第一次工业技术革命的兴起，极大地推进了社会生产力的发展，在西方，最终导致了资本主义革命的兴起。

不论是罐头的发明还是瓦特的蒸汽机问世，在当时都是看起来普普通通的事物，但它们却能起到超乎寻常的作用。就是因为它们具有从无到有、从虚到实、从小到大、能量呈几何递增、发展速度极快的特征，所以它们像"风暴蝴蝶"一样扇动翅膀，在各自的领域中引起了一场大风暴，从而对整个社会产生了巨大的推动作用，实现了伟大的变革。

　　蝴蝶金律说明：一个微小的问题，如果不及时加以正确地引导、调节，那将会带来非常大的危害；一个好的微小的举动，只要正确指引，经过一段时间的努力，最后将会产生轰动，甚至被称为"革命"。

第五节　棘轮金律：由俭入奢易，由奢入俭难

金律释义

　　棘轮金律，也叫制轮作用，指的是人们的消费习惯在形成之后具有不可逆性，即易于向上调整，而难于向下调整，尤其是在短期内消费习惯很难改变。这种习惯性金律，使消费者易于随收入的提高增加消费，不易于随收入降低而减少消费。

　　这个金律是经济学家杜森贝提出的。古典经济学家凯恩斯主张消费是可逆的，即收入水平变动必然会立即引起消费水平的变化。针对这个观点，杜森贝认为这实际上是不可能的，因为消费决策不可能是绝对理性的，它还取决于消费习惯。这种消费习惯受许多因素影响，如生理和社会的需要、个人的经历等，特别是个人在收入最高期时所达到的消费标准对消费习惯的形成有很重要的作用。

要保持适度的物质欲望

棘轮金律说的是人的一种本性，人生而有欲，人有了欲望之后就会千方百计地寻求满足。

对人的欲望既不能禁止，也不能放纵。如果对欲望不加以限制的话，过度地放纵奢侈，必然会成为物欲的奴隶。

宋代著名的政治家和文学家司马光有一句名言：由俭入奢易，由奢入俭难。这句话说的道理就是棘轮金律的体现。他在写给儿子司马康的家书《训俭示康》中，除了"由俭入奢易，由奢入俭难"的名言外，他还说，"俭，德之共也；侈，恶之大也"，告诫儿子不可沾染纨绔之气，要保持俭朴清廉的家庭传统。

在中国的历史故事中有很多棘轮效应的例子。例如，箕子对纣王使用象牙筷子的评价，就运用了这一效应。

商代时，纣王刚刚即位，百姓们都以为在这位精明国君的治理下，商朝的江山肯定会坚如磐石。有一天，纣王派人用象牙给自己做了一双筷子，并很高兴地用它吃饭。他的叔父箕子看见了，就劝他把筷子收起来。但是纣王却一副满不在乎的样子，而满朝的文武大臣也没把这当回事，觉得这不过是一件极平常的小事而已。

此后，箕子整日忧心忡忡，有的大臣感到莫名其妙，就问他原因，他回答道："纣王既然用象牙做筷子，就不会再用土制的瓦罐来盛汤装饭，必定要改用犀牛角做成的杯子与美玉制成的饭碗。在有了象牙筷、犀牛角杯与美玉碗之后，难道大王还会用它们来吃粗茶淡饭及豆子煮的汤吗？此后，大王的餐桌每顿都会摆上许多奇珍异品和山珍海味。吃着这些东西，穿的衣服自然也要以绫罗绸缎为主，而住的就更要富丽堂皇了。另外，还要大兴土木，广建楼台亭阁，以此来衬托自己尊贵的身份。这样一来，百姓的疾苦就不言而喻了，我是担心物极必反啊！"箕子的预言在5年后应验了。商纣王奢侈至极，严刑桎梏下的百姓们怨声载道，商朝的五百年基业就这样衰败了。

对于欲望，我们既不能禁止，也不能放纵，必须保持适度的物质消费。倘若不限制自己的欲望，过度地放纵奢侈，必然会让自古"富不过三代"的说法成为现实，也必然会出现"君子多欲，则贪慕富贵，枉道速祸；小人多欲，则多求妄用，败家丧身。是以居官必贿，居乡必盗"的现象。

西方一些成功的企业家虽然家境富裕，但依然对自己子女要求极严，从不给孩子更多的金钱，让孩子学会俭朴和自立。这一点在比尔·盖茨的身上体现尤为明显。微软公司的创始人比尔·盖茨是世界首富，个人资产总额达到460亿美元，但他将自己的巨额遗产返还给社会，用于慈善事业，而只给三个子女留下区区几百万美金。盖茨认为：子女的人生和潜力应该和出身的富贵与贫寒无关。拥有很多不劳而获的财富，对于站在人生起跑点的子女而言并不是件好事。

古人告诫我们说："取之有度，用之有节，则常足。"说的就是要有计划地索取，有节制地消费，才会常保富足。

第六节　巴菲特金律：成功要另辟蹊径

金律释义

在其他人都投了资的地方去投资，你是不会发财的。无数投资人士的成功，无不或明或暗地遵从着这个金律，这是世界"股神"巴菲特总结出的一条投资金律。

这条金律是巴菲特的至理名言，更是他多年投资生涯的经验结晶。20 世纪 60 年代，他廉价收购了濒临破产的伯克希尔公司，此后便一发不可收拾，创造了一个又一个的投资神话。有人曾经算过这样一笔账，如果在 1956 年，你拿出 10000 美元和巴菲特共同投资，你的资金就会获得 27000 倍多的惊人回报，而同期的道琼斯工业股票平均价格指数仅仅上升了大约 11 倍。

能取得如此骄人的成就，得益于他自己所信奉的投资圣经，他后来将其总结为巴菲特金律。

金律启示

1962 年，沃尔顿开设了第一家商店，名为沃尔玛百货。从此，他避开经济相对发达的地区和城市，而主要在美国南部和西南部的农村地区开设超级市场，并把发展的重点放在城市的外围，他坚信并等待城市向外扩展。他这一长远发展战略，不但避开了创业之初与实力强劲的竞争对手的拼杀，而且独自拓展了一个前景广阔的市场。1969 年他开了 18 家分店，到 1992 年，他已将其分店网络扩大到 1735 家，年营业额达 400 亿美元。在短短几年内，他就超过了美国的大商行凯马特公司和西尔斯公司，成为零售行业中当之无愧的龙头老大。

井深大和盛田昭夫是日本索尼公司创始人，他们从一开始就立志于"率领时代新潮流"。有一次，井深大在日本广播公司看见一台美国造的录音机，他立即抢先买下专利权，很快生产出日本第一台录音机，投放市场后很受消费者欢迎。1952 年，美国研制出"晶体管"，井深大立即飞往美国进行考察，又果断地买下这项专利，回国后仅数周时间便生产出第一支晶体管，销路大畅。当其他厂家也转向生产晶体管时，他又成功地生产出世界上第一批"袖珍晶体管收音机"。这一"人无我有，人有我转"的战略，使索尼的新产品总是以迅雷不及掩耳之势投放市场，并赢得巨大的经济效益。

　　美国西南航空公司的成功也是遵循了巴菲特金律。"9·11"事件以来，美国航空业一直不景气。然而，美国西南航空公司却创下了连续29年赢利的业界奇迹。之所以能取得这样的骄人业绩，在于西南航空始终坚持"低成本营运和低票价竞争"的策略，在自己竞争对手不注意和不注重的地方开辟市场，发掘到了属于自己的利润增长点。

　　西南航空为避免与各大航空公司正面交手，特意寻找被忽略的国内潜在市场。当《北美自由贸易协定》签署后，人们一致认为总部位于得克萨斯州的西南航空最有条件开辟墨西哥航线，但西南航空抵制了这种"诱惑"。它遵循"中型城市、非中枢机场"的基本原则，在一些公司认为"不经济"的航线上，以"低票价、高密度、高质量"的手段开辟和培养新客源。

　　在西南航空公司的大多数市场上，它的票价甚至比城际间的长途汽车票价还要便宜。一些"巨人级"航空公司称西南航空是"地板缝里到处蔓延的蟑螂"，可以感觉到，但就是无法消灭掉。西南航空的宣传小册子不无自豪地宣称：不管在美国的什么地方，你只要开车两个小时，就能坐上西南航空公司的飞机。

　　不管是投资还是经营企业，我们都要挖掘出自己的财富增长点。随大流、一窝蜂是赚不到钱的。我们要谨记巴菲特的忠告：在其他人都投了资的地方去投资，你是不会发财的，只有善于走自己的路，才可能斩获成功。

人生金律

第七节　零和游戏金律：互利共赢才是成功的最高境界

金律释义

零和游戏金律认为：世界是一个封闭的系统，这个系统中的财富、资源、机遇都是有限的，任何个人、地区和国家财富的增加必然意味着对其他人、其他地区和国家的掠夺，意味着其他人、地区和国家财富的减少。

两位对弈者对弈，我们称这种行为为"零和游戏"。因为在大多数情况下，两位对弈者总会有一个赢，有一个输，如果我们把获胜算为 1 分，而输棋的算为 -1 分，那么，这两个人的得分之和就是：1+（-1）=0。这就是零和游戏：游戏者有输有赢，一方所赢正是另一方所输，游戏的总成绩永远是零。

"零和游戏"的局面在社会的方方面面都能看到，成者为王败者为寇。胜利者的光荣背后往往隐藏着失败者的辛酸和苦涩。从个人到国家，从政治到经济，似乎无不验证了这个世界正是一个巨大的"零和游戏"场。

20 世纪，世界在经历了两次世界大战之后，在经济高速增长、科技日益进步、全球化以及日益严重的环境污染之后，人类开始反思"零和游戏"的观念，于是出现了"非零和游戏"，也就是"负和"或"正和"的观念。"负和游戏"指的是：虽然一方赢了但付出了惨重的代价，得不偿失。"正和游戏"指的是：赢家所得的比输家所失的多，或者没有输家，结果是"双赢"或"多赢"。

在股票和债券市场，股民可以在股票或债券的价格涨落中赚取差价或从每年的派息之中获得利益，上市公司用股民的钱去经营，创造利润，上缴税金。双方或多方都可以从这个平台中获益。所以，"正和游戏"意味着"利己"不一定要建立在"损人"的基础上，从"零和"走向"正和"，要求各方要有真诚合作的精神和勇气，遵守游戏金律，不要小聪明，不要总想占别人的小便宜，否则，"双赢"的局面就不会出现，吃亏的最终还是自己。

对于非合作、纯竞争型博弈，德国著名数学家诺伊曼所解决的只有二人零和博弈：好比两个人下棋或是打乒乓球，一个人赢一着则另一个人必输一着，净获利为零。

在这里，经过抽象化后的博弈问题的表现是，已知参与者集合（两方），策略集合（所有棋着），和盈利集合（赢子输子），能否且如何找到一个理论上的"解"或"平衡"，也就是对参与双方来说都最合理、最优的具体策略？怎样才是合理？应用传统决定论中的"最小最大"准则，即博弈的每一方都假设对方的所有攻略的根本目的是使自己最大限度地失利，并据此最优化自己的对策，诺伊曼从数学上证明，通过一定的线性运算，对于每一个二人零和博弈，都能够找到一个"最小最大解"。通过一定的线性运算，竞争双方以概率分布的形式随机使用某套最优策略中的各个步骤，就可以最终达到彼此盈利最大且相当。当然，其隐含的意义在于，这套最优策略并不依赖于对手在博弈中的操作。用通俗的话说，这个著名的"最小最大"定理所体现的基本"理性"思想是"抱最好的希望，做最坏的打算"。

金律启示

虽然零和博弈理论的解决具有重大的意义，但作为一个理论来说，它应用于实践的范围是有限的。零和博弈主要的局限性有二，一是在各种社会活动中，常常有多方参与而不是只有两方；二是参与各方相互作用的结果并不一定有人得利就有人失利，整个群体可能具有大于零或小于零的净获利。对于后者，历史上最经典的案例就是"囚徒困境"。在

"囚徒困境"的问题中，参与者仍是两名（两个盗窃犯），但这不再是一个零和的博弈，人受损并不等于我收益。两个小偷可能一共被判20年，或一共只被判2年。

第八节　王永庆金律：赚钱要依赖别人，节省只取决于自己

节约一元钱等于净赚一元钱。这是台湾著名的企业家、台塑集团创办人王永庆提出的，这个原则也被称为"王永庆金律"。

在现实生活中，我们大多时候看重的是财富的创造，对于节俭似乎并不注意，有时候甚至认为这是小家子气。殊不知，节俭也是理财的一部分。学会了节俭每一分不必花费的钱，你就学会了创造财富和运用财富。

"吝啬"也是一种致富理念

一次，比尔·盖茨和一位朋友同车前往希尔顿饭店开会，由于路上塞车耽搁了时间，找不到车位。他的朋友建议把车停在饭店的贵宾车位，比尔·盖茨不同意。原因很简单，贵宾车位要多付12美元的停车费，比尔·盖茨认为那是"超值收费"，无论有多少钱，花钱像炒菜一样，要恰到好处。盐少了，菜就会淡而无味，盐放多了，菜就会苦咸难咽。哪怕只是几元钱甚至几分钱，也要让每一分钱都发挥出最大的效益。比尔·盖茨说，一个人只有当他用好了他的每一分钱，才能做到事业有成，生活幸福。

美国知名品牌大公司——沃尔玛的成功和知名，离不开它的"俭"和出手的"阔"。沃尔玛的"俭"是从细节做起的。在公司，

如果你没有复印纸，找秘书要，对方一定会轻描淡写地说："地上盒子里有纸，裁一下就行了。"如果你说要打印纸，对方一定会回答道："我们没有专门的打印纸，用的都是废报告的背面。"

沃尔玛的节俭不仅仅针对员工，企业老总坚持率先垂范。沃尔玛的创始人山姆尽管是亿万富翁，但他的节俭习惯却从未改变，没购置过一所豪宅，经常开着自己的旧货车进出小镇，每次理发都只花5美元，外出时还经常和别人同住一个房间。

沃尔玛的办公室也都十分的简朴，而且空间狭小，最让人吃惊的是，一旦商场进入销售旺季，包括经理在内的所有管理人员全都到销售一线，他们担当起搬运工、安装工、营业员和收银员的角色，以求节省人力开支。大多时候，这样的场景只会发生在一些小型的公司里，而且这种行为常常被人视为"不正规的管理模式"，但在沃尔玛这样的大集团中却司空见惯。

沃尔玛人也有"阔气"的时候。摆"阔"主要体现在兴办公益事业上。山姆·沃尔顿不仅在美国范围内设立了多项奖学金，而且这个"小气鬼"公司还向美国的5所大学捐出了数亿美元。

金律体现

享有"世界第一车"美誉的丰田汽车公司也是"吝啬"得很。从创业初始，丰田公司的老板丰田喜一郎就强调："钱要用在刀刃上……用一流的精神，一流的机器，生产一流的产品。要杜绝各种浪费。"公司有个著名的"三河商法"，其中最重要的一条就是吝啬。丰田喜一郎非常讨厌浪费，他说过：搞企业必须要有基础，而这个基础就是要杜绝浪费。他强调，丰田公司的批量生产模式就是要彻底地杜绝浪费，追求汽车制造的合理性。正是因为完美地贯彻了这种"吝啬"精神，丰田汽车公司取得了巨大成功，成为世界汽车行业六大巨头之一。

人生金律

赚钱要依赖别人，节省只取决于自己。许多人都知道吝啬可以创造财富，但很少有人能像沃尔玛、丰田那样一以贯之，并且让吝啬成为公司的一种经营理念。在创富的道路上，我们听到过许许多多的理念，每一个都有大量的理论支持，但是丰田、沃尔玛却用家庭式的节俭之道创造了巨大的财富。

第九节　罗浮宫名画金律：抓住离你最近的目标

金律释义

在人生的路途中，如果你确定了至少三种以上的目标，那么，最佳的选择往往不是最绚丽、最诱人的那一目标，而是离你最近的那个目标。这就是罗浮宫名画金律的主旨。

法国巴黎一家杂志曾刊登了这样一道有趣的竞答题目："如果有一天罗浮宫突然起了大火，而当时的条件只允许从宫内众多艺术珍品中抢救出一件，请问你会选择哪一件？在数以万计的读者来信中，一个简单的答案被认为是最好的—选择离门最近的那一件。因为罗浮宫内的收藏品每一件都是举世无双的瑰宝，与其浪费时间选择，不如抓紧时间抢救一件算一件。

做事要专而精

罗浮宫名画金律在股市中很实用，股市中几乎每天都有涨停板的股票，看起来很诱人！可是你能保证你有一双慧眼买到这些股票吗？不要一看涨幅榜，就个个都想抓，恨不得生出三头六臂，恨不得天天涨停板，月月翻番。结果呢，一年下来看看收支表，是挣了，还是白干了，更甚是赔本了。事实上，你只要在大的行情中出手，或者有一种见好就收的心态，或者一直持有"弱水三千，只取一瓢"的平常心态的话，你一定会有很大的收获。

无论你做哪一行都要知道自己擅长什么，千万别爱好广泛，却浅尝辄止，这样做的后果是什么收获都没有，还把钱都赔掉了。

人生在世，有的人一辈子只做了一件事儿，就让人记住了；有的人做了一辈子事儿，却没有一件能让人记住的。其实人生的价值并不在于你做了多少事情，而是看你做的事情是否成功。做一千件半途而废的事情不如完完整整做好一件事情，因为衡量行为价值的标尺是结果而不是过程。

第十节　路径依赖金律：少成若天性，习惯如自然

金律释义

路径依赖金律是指：一旦人们决定某种选择，就像走上了一条不归路，惯性的力量会使这一选择不断自我强化，并让一个人不能轻易走出去。

科学家曾做过这样一个实验：在一只笼子中间吊上一串香蕉，然后放入 5 只猴子，当有猴子伸手去拿香蕉时，就用高压水去喷射其余 4 只猴子，直到最后 5 只猴子都不敢再动手拿香蕉。然后用一只新猴子替换出原来笼子里的一只猴子，新来的猴子不知这里的"规矩"，又伸出手去拿香蕉，结果触怒了笼子里原来的那 4 只猴子，于是这 4 只猴子代替人执行惩罚任务，把新来的猴子暴打一顿，直到它服从这里的"规矩"

为止。试验人员不断地将最初经历过高压水惩戒的猴子换出来，最后笼子里的猴子全是新的，可是没有一只猴子再敢去碰香蕉。这时，人和高压水都不再介入了，但新来的猴子还固守着"不许拿香蕉"的规矩，这就是路径依赖的自我强化作用。

金律启示

路径依赖金律是美国经济学家道格拉斯·诺思提出的。他用"路径依赖"金律成功地阐释了经济制度的演进规律，并因此而获得了 1993 年的诺贝尔经济学奖。

路径依赖金律与物理学中所说的"惯性"相类似，一旦进入了某一路径，无论是"好"是"坏"，我们都可能对这种路径产生依赖。某一个路径的既定方向会在以后的发展中得到自我强化。人们过去所做出的选择决定了他们现在以及未来所要做出的选择。好的路径会起到正反馈作用，通过惯性和冲力，产生飞轮金律，使事物的发展进入良性循环状态；不好的路径会起到负反馈作用，就如同厄运循环，最终导致停滞。而这些选择一旦进入锁定状态，想要脱身就会十分困难。

在现实生活中，路径依赖现象无处不在。比如说：现代铁路两条铁轨之间的标准距离是 4.85 英尺，为什么采用这个标准呢？原来，早期的铁路是由建电车的人所设计的，而 4.85 英尺正是电车所用的轮距标准。而最先造电车的人以前是造马车的，所以电车的标准是沿用马车的轮距标准。马车又为什么要用这个轮距标准呢？因为古罗马人军队战车的宽度就是 4.85 英尺。罗马人又为什么以 4.85 英尺作为战车的轮距宽度呢？原因很简单，这是牵引一辆战车的两匹马屁股的宽度。

有趣的是，今天世界上最先进的运输系统的设计，在 2000 年前便由两匹马的屁股宽度决定了！例如，美国航天飞机燃料箱的两旁有两个火箭推进器，因为这些推进器造好之后要用火车运送，路上又要通过一些隧道，而这些隧道的宽度只比火车轨道宽一点，因此火箭助推器的宽度由铁轨的宽度所决定，而铁轨的宽度由……

路径依赖告诉我们：每个人都有自己的基本思维模式，这种模式很大程度上会决定你以后的人生道路。而这种模式的基础，其实是早在童年时期就奠定了。做好了你的第一次选择，你就设定了自己的人生。要想路径依赖的负面金律不发生，那么在最开始的时候就要找准一个正确的方向。

在 IT 行业中，戴尔电脑是一个财富的神话。戴尔计算机公司从 1984 年成立时的 1000 美元，发展到现在销售额达到几百亿美元，是一段颇富传奇色彩的经历。戴尔公司成功有赖于两大法宝："直接销售模式"和"市场细分"方式。而据戴尔的创始人迈克尔·戴尔透露，他早在少年时就已经奠定了这两大法宝的基础。

戴尔上初中时，就已经开始做电脑生意了。他自己买来零部件，组装后再卖掉。在这个过程中，他发现一台售价 3000 美元的 IBM 个人电脑，零部件只要六七百美元。而当时大部分经营电脑的人并不太懂电脑，不能为顾客提供技术支持，更不可能按顾客的需要提供合适的电脑。这就让戴尔产生了灵感：抛弃中间商，自己改装电脑，不但有价格上的优势，还有品质和服务上的优势，还能够根据顾客的直接要求提供不同功能的电脑。

于是风靡世界的"直接销售"和"市场细分"模式就诞生了。其核心就是：按照顾客的要求来设计制造产品，并把它在尽可能短的时间内直接送到顾客手上。此后，戴尔便凭借着这种模式，一路做下去。从 1984 年戴尔退学开设自己的公司，到 2002 年排名《财富》杂志全球 500 强中的第 131 位，其间不到 20 年时间，戴尔公司成了全世界最著名的公司之一。正是初次做生意时的正确路径选择，奠定了后来戴尔事业成功的基础。

孔子曰："少成若天性，习惯如自然。"在事业上，我们无法摆脱这种路径依赖，一旦我们选择了自己的"马屁股"，我们的人生轨道可能就只有 4.85 英尺宽。以后我们可能会对这个宽度不满意，但是却已经很难改变它了。我们唯一可以做的，就是在开始时慎重选择"马屁股"的宽度。

第十一节　博傻金律：你可能做"最大的笨蛋"

金律释义

博傻金律也叫最大的笨蛋金律，指的是投机行为的关键是判断"有没有比自己更大的笨蛋"，只要自己不是"最大的笨蛋"，那么自己就一定是赢家，只是赢多赢少的问题。如果再没有一个愿意出更高价格的更大笨蛋来做你的"下家"，那么你就成了"最大的笨蛋"。可以这样说，任何一个投机者信奉的无非是"最大的笨蛋"金律。博傻金律告诉人们的最重要的一个道理是：在这个世界上，傻不可怕，可怕的是做最后一个傻子。

这个金律是由现代西方经济学最有影响的经济学家凯恩斯提出来的。凯恩斯为了日后能自由而专注地从事学术研究免受金钱的困扰，在 1908 到 1914 年间，他像"一架按小时出售经济学的机器"一样，什么课都讲：经济学原理、货币理论、证券投资等。然而，仅靠赚课时费是积攒不了几个钱的。于是，凯恩斯在 1919 年 8 月借了几千英镑做远期外汇投机去了。仅 4 个月时间，他就净赚一万多英镑，在当时相当于他讲课 10 年的收入。就在他飘飘然之际，3 个月之后，凯恩斯把赚到的利和借来的本金亏了个精光。赌徒往往有这样的心理：要从赌桌上把输掉的赢回来。7 个月之后，凯恩斯又涉足棉花期货交易，狂赌一通并大获成功。

受此刺激，他把期货品种做了个遍。还嫌不过瘾，就去炒股票。在十几年的时间里，他已赚得盆盈钵满。到 1937 年他因病金盆洗手的时候，已经积攒起一生享用不完的巨额财富。凯恩斯总结自己的这段经历，提出了"最大的笨蛋"金律。

凯恩斯指出：从 100 张照片中选择你认为最漂亮的脸蛋，选中有奖。当然最终是由最高票数来决定哪张脸蛋最漂亮。你应该怎样投票呢？正确的做法不是选自己真的认为漂亮的那张脸蛋，而是猜多数人会选谁就投她一票，哪怕她很丑。这就是说，投机行为应建立在对大众心理的猜测之上。期货和证券在某种程度上是一种投机行为或赌博行为。比如说，你不知道某个股票的真实价值，但为什么你花 20 元去买走 1 股呢？因为你预期有人会花更高的价钱从你那儿把它买走。这就是凯恩斯所谓的"最大笨蛋"理论。

金律启示

1593 年，一位维也纳的植物学教授到荷兰的莱顿任教，他带来了在土耳其栽培的一种荷兰人没有见过的植物—郁金香。没想到荷兰人对它如痴如醉，于是教授认定可以大赚一笔，他的售价高到令荷兰人铤而走险，于是有人在一天深夜，偷走了教授带来的全部郁金香球茎，并以比教授的售价低得多的价格很快把球茎卖光。就这样，郁金香被种在了千家万户的荷兰人的花园里。后来，郁金香受到花叶病的侵袭，病毒使花瓣生出一些反衬的彩色条或"火焰"。富有戏剧性的是，病郁金香成了珍品，以至于以后郁金香球茎越古怪价格越高。于是有人开始囤积病郁金香，又有更多的人出高价从囤积者那儿买入并以更高的价格卖出。一个快速致富的神话开始流传。贵族、农民、机修工、海员、仆人、烟囱清扫工、洗衣老妇等先后卷了进来，每一个被卷进来的人都相信，会有更大的笨蛋愿出更高的价格从他(她)那儿买走郁金香。1638 年，最大的笨蛋出现了，持续了 5 年之久的郁金香狂热迎来了最悲惨的一幕，郁金香球茎的价格跌到了只有一只洋葱头的售价。

不要把投机疯狂看作是几百年以前的人们的愚蠢，这世界的人们其实是疯狂不断，凯恩斯一定会在经济学家死后必去的地方窃笑。所以，做事情前要好好想清楚，不要老以为后面有个更大的笨蛋跟着你。投机也需要事先摸清形势，好好分析，如果只一味看到眼前的利益，而忽视了长远的考虑，我们每个人都有可能成为那个最大的笨蛋。

第十二节　奥卡姆剃刀金律：把复杂的事情简单化

金律释义

奥卡姆剃刀金律又称"奥康的剃刀"，是 14 世纪逻辑学家奥卡姆的威廉提出的。这个金律称为"如无必要，勿增实体"，即"简单有效原理"。

公元 14 世纪，当时关于"共相""本质"之类的争吵无休无止，英国奥卡姆的威廉对此感到厌倦，于是著书立说，宣传唯名论：只承认确实存在的东西，认为那些空洞无物的普遍性的概念都是无用的累赘，应当被无条件地"剃除"。他的主张概括起来就是"如无必要，勿增实体"。因为他是英国奥卡姆人，所以人们就把这句话称为"奥卡姆剃刀"。当这把剃刀出鞘后，将几百年间争论不休的经院哲学和基督教神学都剃秃了，使科学、哲学从神学中分离出来，并引发了欧洲的文艺复兴和宗教改革。同时，这把剃刀曾使很多人感到威胁，被认为是异端邪说，当然，威廉本人也受到伤害。然而，所有的伤害都不能损害这把刀的锋利，相反，经过数百年的磨砺反而越来越快，并早已超越了原来狭窄的领域，拥有了更广泛的、丰富的、深刻的意义。

金律启示

在股市投资中，也可以拿起"奥卡姆剃刀"，把复杂事情简单化，就会发现其实炒股很简单，投资盈利其实也并不难。

有的投资者认为股市是勤劳者的乐园，只有焦头烂额、忙忙碌碌地分析、研究和频繁操作，才可能取得成功，其实这是一个大错误。他们常有这样的感觉：对于股市倾注了大量的时间、金钱和精力，整天忙碌，却依然难以应付市场中那么多的信息，无法了解那么多的股票，还有不断出现的规章和投资新品种。他们总是试图把握一切，但换来的只是精疲力竭，甚至还"附送"亏损。

根据奥卡姆剃刀金律，投资者必须要简化自己的投资，要对那些消耗了我们大量金钱、时间、精力的事情加以区分，然后采取步骤去摆脱它们：简化选股。目前沪深股市有众多上市公司，如果每只股票都去研究和关注，既没有这个时间，也没有这个必要。因此，选股要运用奥卡姆剃刀金律，对众多的上市公司进行缩容，只挑选其中极少数的股票去关注和操作。

作为一种思维理念，当然并不仅仅局限于某一些领域，事实上，奥卡姆剃刀在社会各方面已得到越来越多的应用。奥卡姆剃刀同时也是一种生活理念。这个原理要求我们在处理事情时，要把握事情的本质，解决最根本的问题。尤其要顺应自然，不要把事情人为地复杂化，这样才能把事情处理好。爱因斯坦说："如果你不能改变旧有的思维方式，你也就不能改变自己当前的生活状况。"当你用奥卡姆剃刀改变你的思维时，你的生活将会发生改变。在运用奥卡姆剃刀时应牢记爱因斯坦的一句著名的格言：万事万物应该都应尽可能简洁，但不能过于简单。将复杂的对象剃成最简单的对象，然后再着手解决问题。这是简单的、平凡但却行之有效的解决问题的方法。